科普通鉴

14 林果飘香

丛书主编 李建中
丛书副主编 谈朗玉 李大东 张令朝
本卷主编 郑先波

KEPU TONGJIAN
LINGUO PIAOXIANG

中国科学技术出版社
河南科学技术出版社

图书在版编目（CIP）数据

林果飘香/郑先波主编．—郑州：河南科学技术出版社，2013.10
（科普通鉴/李建中主编）
ISBN 978-7-5349-6592-0

Ⅰ.①林…　Ⅱ.①郑…　Ⅲ.①森林-普及读物　②果树园艺-普及读物
Ⅳ.①S7-49　②S66-49

中国版本图书馆 CIP 数据核字（2013）第 227551 号

出版发行：中国科学技术出版社
地址：北京市海淀区中关村南大街 16 号　　邮编：100081
电话：（010）62106522
网址：www.cspbooks.com.cn
河南科学技术出版社
地址：郑州市经五路 66 号　　邮编：450002
电话：（0371）65737028
网址：www.hnstp.cn
策划编辑：李喜婷　冯　英
统筹编辑：尚伟民　蒋云鹏　徐　涛
责任编辑：田　伟
责任校对：柯　姣
封面设计：赵　钧
版式设计：赵玉霞
责任印制：朱　飞
印　　刷：郑州金秋彩色印务有限公司
经　　销：全国新华书店
幅面尺寸：185 mm×260 mm　　印张：11.25　　字数：183 千字
版　　次：2013 年 10 月第 1 版　　2013 年 10 月第 1 次印刷
定　　价：32.00 元

《科普通鉴》丛书

主　编　李建中

副主编　谈朗玉　李大东　张令朝

《科普通鉴·林果飘香》编委会

主　编　郑先波

副主编　李继东　栗　燕

序

科技是人类智慧的伟大结晶，创新是文明进步的不竭动力。

回首文明历程，是科技之光涤荡了人类历史上蒙昧的阴霾，是科技之火点燃了人类心灵里求知的火焰，是科技之灯照亮了人类发展中光辉的前程。科学技术的每一次重大突破，每一项发明创造的诞生，都使人类对客观世界的认识发生质的飞跃，都使人类改造世界的能力得到革命性的提升。18 世纪后的几百年，是科学技术突飞猛进的历史时期。数学、物理、化学、天文学、地学和生物学等各个领域的研究均取得了空前成就，并引发了一次又一次重大理论革命，其中，最具划时代意义的莫过于牛顿力学、相对论和量子力学的创立。与此同时，深刻改变人类生存状态和生产、生活方式的发明创造也纷纷问世。在不计其数的发明、发现中，蒸汽机、电话、火车、汽车、医用 X 光片、青霉素、DNA 双螺旋结构、火箭、阿波罗 10 号太空舱、计算机等无疑是改变世界的重大发明、发现与创造。

放眼新的世纪，科技已经成为推动经济社会快速发展的主导力量和创造社会财富的主要源泉，成为国家间、区域间竞争的核心和推动未来发展的决定性力量。为了在竞争中取得优势地位，各国、各地区，特别是发达国家及地区都高度重视科技创新和发展。在此背景下，全球创新浪潮此起彼伏，科技发展日新月异，创新成果大量涌现。人类基因组序列图完成、细胞重新编程技术、人类最早祖先确定、宇宙存在暗物质的猜想被证实、干细胞研究的新进展、纳米技术研究的新突破、欧洲强子对撞机启动、人类探测器创最远纪录和七大数学难题之一——庞加莱猜想被证明等被认为是近十年来取得的最具科学价值，并可能对人类生存与发展产生重大影响的重大科技成就。

在人类文明的历史长河中，科学技术虽然得到了空前发展，取得了辉煌成就，但在前进的道路上依然有无数难题等待我们去破解，众多未知世界等待我们去认识。随着人口数量的急剧增加，自然资源的逐渐枯竭和生态环境的日益恶化，人类正面临前所未有的生存挑战和危机。毫无疑问，应对挑战、解决危机，只有依靠科技的不断创新与发展。在可以预见的未来，为了拓展生存空间，提高生存质量，必将掀起一场以信息科技革命为先导、新材料科技为基础、生命科技为核心、新能源科技为动力、海洋科技和航天科技为内拓和外延的新的科技创新浪潮。伴随新一轮科技创新浪潮的到来，新的发明创造也必将与日俱增。有科学家预言，未来百年，人体器官克隆再造、灭绝动物复活、战胜癌症、建造星际飞船和太空电梯等梦想可能变为现实。

当前，亿万中华儿女正在为实现中华民族伟大复兴的“中国梦”而努力奋斗。实现这一百年梦想，关键在于弘扬创新精神，增强创新能力，加快创新步伐，让科技之花在创新中萌芽，在创新中成长，在创新中绽放。

发达国家的经验昭示我们，加快科技创新，提高科技水平，既要依靠科技精英们的刻苦攻关，发明创造，也有赖于公民科学素质的普遍提高。有调查显示，我国公民的科学素质水平较发达国家差距甚大，与走中国特色的自主创新之路、建设创新型国家的要求相去甚远。为尽快提升我国公民的科学素质水平，从2006年起我国启动了旨在推动公民科学素质建设的全民科学素质行动计划，希望到2020年，公民科学素质在整体上有大幅度提高，达到世界主要发达国家21世纪初的水平。

科普图书是展示科学技术的重要窗口，是普及科技知识的重要载体，也是传播科技文明的重要途径。国内外都十分重视科普图书的创作出版。在琳琅满目的科普图书作品中，不乏影响深远的精品力作。这些作品为传播科技文明、普及科学知识做出了历史性贡献。时代在进步，科技在发展。紧跟时代步伐，把握科技动态，繁荣科普创作，不断创作出版符合时代特点、反映当代科技发展水平的科普图书精品，不仅是加强公民科学素质建设，提升公民科学素质的迫切要求，也是科技界有识之士的共同心声。

科学技术协会是新中国科普事业的主要开创者和推动者。在开展公民科学素质建设，提高公民科学素质水平的历史进程中，肩负着重要责任和神圣使命。我们组织编写的这部《科普通鉴》丛书既是履行“责任”和“使命”，也是对科技界有识之士呼声的积极响应。

20世纪中叶以来，科学技术进入了多科交叉、互为渗透、综合发展的历史时期，形成了学科林立、知识纷繁的新格局。面对浩如烟海的科学世界，如何确定这部书的编写原则和选题范围是应当首先解决的问题。经与有关专家学者反复研究论证，我们确定了“通览科技文明，鉴取创新精粹”的编写原则，并确定从理、工、农、医和高新科技五大领域中选取26个公众关注度较高的热点选题，按26卷组织编写这部丛书。

面向具有中等以上文化程度的青少年、农民、城镇劳动者、城市社区居民、领导干部和公务员等重点人群，弘扬科学精神，传播科学思想，倡导科学方法，普及科学知识是编写本书的出发点和根本目的。考虑到读者对象年龄、职业、身份的多样性和对知识需求的差异性，本书着重介绍具有基础性、通用性、新颖性和前瞻性的知识，读者可以根据自己的需求或兴趣进行阅读；在阐述方法上尽可能做到重点突出，脉络清晰，尽可能融入人文精神，体现人文情怀，避免科技知识的简单介绍和罗列；在语言风格上力求文笔流畅，深入浅出，生动活泼，雅俗共赏，以达引人入胜的效果。

选择高水平的主编是编好这部丛书的关键。为此，我们发挥科学技术协会学会众多，学科齐全，人才荟萃，联系广泛的优势，面向省内外征集各卷主编候选人。最后经全面比较，优中选优，确定了各卷主编人选，为本书的编写出版奠定了坚实基础。在此我们谨向为本书主编遴选、编写、出版给予大力支持的河南省医学会、气象学会、农学会、地理学会、地震学会、地质学会、机械工程学会、反邪教协会和省气象局、郑州大学、河南大学、河南农业大学、河南工业大学、河南科技大学、河南中医学院、河南科技学院、河南轻工业学院、《太空探索》杂志社、河南科技报社、河南科技活动中心、中国科学技术出版社、河南科学技术出版社等学（协）会和单位表示诚挚的感谢！

作为一部多达26卷的大型科普丛书，其涉及领域广，学科多。在内容上为了尽可能避免交叉重复或矛盾冲突，在体例和语言风格上为了尽可能保持相对统一，我们制订了较为详细的编写方案，对各卷的内容范围和全书的体例风格做了必要界定和规范。但是，由于我们学识水平有限，统筹协调不够，编写时间仓促，加之一些担任主编的同志是首次承担科普类作品的编写任务，缺乏相应经验，所以，虽然付出了大量心血，个别卷仍然存在内容取舍不够得当，语言风格不够生动活泼等问题。这些缺憾，我们将在再版重印时加以修订改进。诚恳希望广大读者对本丛书的修订改进提出宝贵意见和建议，以便再版时提高质量。

河南省科学技术协会主席、党组书记　李建中

2013年6月

目　录

引 言

树木是生命的象征，而森林是孕育人类文明的摇篮，森林作为地球上可再生自然资源，在人类生存和发展的历史可中起着不可替代的作用。

树木是神奇的，很多树木每年都经历秋季逐渐落叶“死亡”，冬季肃穆伫立，春季又复苏再生的历程。这一切都使人们认为树木如同与万能的“上帝”或“神”那样神圣，感到树木是神秘莫测的生灵。远古时代的人们以朴素的情感来认识树木王国，认为树木的根能深达地狱，绿色树冠伸入天堂。只有树木才能把天堂、人间和地狱紧紧地联系在一起；只有通过树木，才能实现上天堂的夙愿。在中国古代也有类似的传说。在不少传说中都认为，人类的生命是由于树木的萌芽生长而产生的。所以人们在墓地种植树木，以显示生命并未因死亡而终结。在西方圣诞节，由于圣诞树而显得五彩缤纷、富有生气。圣诞树作为全世界树木的代表，象征着永不枯竭的生命源泉。

果树是树木中与人们生活最为贴近的一部分，木本果树提供了世界上大部分的水果和干果，世界水果中产量最高的柑橘、苹果、葡萄、桃、梨等，干果中产量最高的核桃、开心果、杏仁、榛子、枣等都是木本果树。这些水果和干果丰富了人们的膳食结构，为人类提供了维生素、氨基酸等许多必需的营养，同时成为农林业发展中重要的经济作物。随着生产的发展和人民生活水平的提高，安全、绿色、无公害的果品生产已成为对果树生产的要求。苹果、梨、桃、葡萄、枇杷和石榴等水果还有许多美丽的传说。了解果树的生物学特性和果树栽培的一些基本知识，对于我们合理消费果树产品，提高生产生活的质量有很大帮助。

森林是以乔木为主，与其他植物、动物、微生物和土壤、气候等自然环境相互依存、相互制约，共同组成的生态系统。森林覆盖大约 9.4% 的地球表面积或约 30% 的陆地面积，是陆地生态系统的主体，也是可再生的资源，对于可持续发展有重要作用。森林对固定二氧化碳，动物群落、调节地表径流、固土保水等起着重要作用。了解森林的变迁历史和森林的分布，认识森林生态、经济和社会价值的体现，主要森林树种和造林技术，森林保护技术，有助于我们更好地推进生态环境保护，建设美丽中国。

森林有地球之肺的美称，它能大量地吸收二氧化碳，不断制造人类和其他生物所需的氧气。森林是氧气制造工厂，是粉尘过滤器，是天然蓄水库，是天然空调。森林不仅能够保持水土、净化空气，它在为生产生活提供木材和各种林产品的同时，还是森林文化的摇篮和林业科研的基地，有着重要的生态、经济和社会价值。森林带给我们的好处是无穷无尽的！

人类与森林和谐共存，人与自然和谐相处是当今世界生态化城市的时代潮流和发展方向。森林环城、林水相依已成为一种新的城市建设理念，国内各大城市也都纷纷开展森林城市建设工作。观赏植物是城市森林建设的重要材料，在城市中起着改善小气候、缓解热岛效应、降低污染等作用，是城市环境美化和休闲游憩功能的重要载体。开展林业生态建设，大力发展城市森林，对城市政治、经济和文化发展，提升城市品位具有十分重大的意义。

人类从森林中走出，在生理和心理上都有回归自然、放松身心的需求，亲近自然是人类的本性。随着人类社会的发展，工业化、城镇化步伐的加快，越来越多的人们住进城市的“钢铁丛林”，远离了恬淡清新的森林环境。而森林因为其生态环境良好，景观异质度高，生物多样性丰富，也吸引着人们去观光旅游、放松身心、陶冶情操。同时，森林以其充足的氧气和负氧离子，丰富的色彩和悦耳的声音，对人类的身体和心理健康有着良好的促进作用。在人类和森林环境接触的过程中，记录森林、赞美森林、歌颂森林的文学艺术作品层出不穷，满足了人们的精神生活需求。

森林是宽广的、博大的、美丽的、神奇的，森林可以供人游憩，森林可以促进健康。朋友们，让我们一起走进森林，漫步林海，品味仙果，去体验森林王国中的点点滴滴吧。

1 生命之树

天地之间，存在着一个奇异的树木王国，在这个王国里长满了命运之树。树木是生命的象征，天地赋予树木生命，天地也因树木获得新生。

远古时代，我们的祖先认为树木是一种不可思议的超越自然的生物。很多树木每年都经历秋季逐渐落叶，冬季肃穆伫立，春季又复苏的历程。这一切都使人们深感树木的神秘莫测。

在西方，远古时代的人们以朴素的情感来认识树木王国，认为树木的根能深达地狱，绿色树冠能伸入天堂。只有树木才能把天堂、人间和地狱紧紧地联系在一起；只有通过树木，才能实现上天堂的夙愿。在中国古代的传说中，人们认为人类的生命是由于树木的萌芽生长而产生的，所以人们在墓地种植树木，以显示生命并未因死亡而终结。在西方的圣诞节，五彩缤纷、富有生气的圣诞树必不可少。圣诞树象征着永不枯竭的生命源泉。

树木通过不断地进行光合作用，消耗空气中的二氧化碳，制造新鲜氧气，改善人类赖以生存的环境质量。树木是“氧气的制造工厂”“新鲜空气的加工厂”。树木可以调节气候、净化空气、防风降噪，还可以防止水土流失、山体滑坡等自然灾害，是人类最好的朋友。

1.1 树木的结构

树具有木质树干及树枝，一般可存活多年，多为种子植物。树多为有明显直立主干的乔木，通常树体高大，分枝距离地面较高，可以形成千姿百态的树冠。另外，比较大的灌木或藤本植物有时也被称为树，如石榴树、茶树、葡萄树等。

树的形态多种多样，但通常情况下可以分为根、茎、叶、花和果等五个主要部分。

1.1.1 默默无闻的根

树的地下部分就是根，是默默无闻的地下工作者。根像一只大手，紧紧地抓住了大地的身体，从不放松，它在阴暗潮湿的地方，常年得不到阳光的温暖，可是它默默地忍受着这一切，不断伸向更深更暗的土层。诗人和画家们用华丽的词句和优美的线条描绘大树的秀丽和挺拔，可是谁也不会去注意地下那辛苦的树根。尽管如此，树根从不埋怨，含辛茹苦地养育着大树，经过一次又一次的磨难，树根变得更刚强了，大树终于迎着灿烂的阳光成长起来了，而树根却不会钻出地面，向人们诉说自己的功劳。

（1）根系的结构

一棵树所有的根统称为根系。树木从种子萌发开始，胚根从种皮中伸出并向下生长，这种从胚中长出的根称为主根。随着生长过程的进行，又会在主根上长出侧根，而当侧根长到一定的时候又会长出次一级的侧根，这样不断生长就形成了一棵树的完整根系。

根系的外观是圆锥形的，从根基部到根尖逐渐变细。如果把根从根尖向根基部观察，可依次分为根冠、分生区、伸长区、成熟区和根毛区这五个部分。如果从外向根内观察根的横切面，可将其分为表皮、外皮层、内皮层和中柱这四个部分。

（2）根系的分布

根系在土壤中的分布类型因树种和土壤条件而异，主要有水平分布和垂直分布两种。

1）垂直分布：沿着与土层垂直方向向下生长的根系为垂直分布。垂直根多数是沿着土壤缝隙和生物通道垂直向下延伸的，入土深度取决于土层厚度及其理化特性。在土质疏松、通气良好、水分和养分充足的土壤中，垂直根发育良好，入土深；而在地下水位高或土壤下层有砾石层等条件下，垂直根的向下发展会受到明显限制。

垂直根能将植株固定于土壤中，从较深的土层中吸收水分和矿物质，所以树木的垂直根发育好、分布深，树木的固地性就好，其抗风、抗旱、抗寒能力也强。不同树种根系的垂直分布范围不同，通常树冠高度是根系分布深度的 2～3 倍，但大多数集中在 10～60 厘米范围内。

2）水平分布：沿着土壤表层几乎呈平行状态向四周横向发展的根系为水平分布。根系的水平分布一般要超出树冠投影的范围，甚至可达到树冠投影范围的 2～3 倍。水平根大多数占据着肥沃的耕作层，须根很多，吸收能力强，对树木地上部的营养供应起着极为重要的作用。

（3）根系的功能

根是植物适应陆地生活逐渐形成的器官，它在植物的生长发育中主要发挥吸收、固着、输导和合成、储藏、繁殖等功能。

1）吸收功能：根的主要功能是吸收，它能吸收土壤中的水分、无机盐和二氧化碳。植物体生长发育所需要的各种营养物质，除少部分可通过叶片、幼嫩枝条和茎吸收外，大部分都要通过根系从土壤中吸收。根是植物的主要吸收器官，但并不是根的各部分都有吸收功能。无论是对水分的吸收还是对矿物质的吸收，其吸收部位主要在根尖，而且以根毛区的吸收能力最强。根毛区的大量根毛既增大了吸收面积（由果胶质组成的细胞壁黏性和亲水性强），也有利于对水分和营养物质的吸收。

2）固定功能：树木庞大的地上部分能抵御风、雨、冰、雪、雹等灾害的侵袭，就是由于植物发达的、深入土壤的庞大根系所起的固定与支持作用。根系内牢固的机械组织和维管组织是根系固着和支持作用的基础。

3）输导和合成功能：由根毛、表皮吸收的水分和无机盐，通过根的维管组织输送到枝，而叶制造的有机养料则经过茎输送到根，再经根的维管组织输送到根系的各个部分，以维持根系生长的需要。根也可以利用其吸收的各种原料合成多种氨基酸、生长激素和植物碱等。

4）储藏和繁殖功能：许多树木的根系具有发达的薄壁组织，是树木储藏营养物质的重要器官，特别是秋、冬季节，树木在落叶前后将叶片合成的养分大量地向地下转运，储藏到根系中，翌年早春重新运输回枝条，满足树木早期生长的需要。所以，树木的根系是其冬季休眠期的营养储备库，骨干根中储藏的有机物质可以占到根系鲜重的12% ~15%。根内储藏的大量养分还能够供树木移植后重新生长发育。

5）繁殖功能：许多树木的根都具有较强的繁殖能力，其根部能产生不定芽，形成新的植株，尤以阔叶树木和大多数灌木树种产生不定芽的能力较强。多数树木在根部伤口处更容易形成不定芽，利用树木根部这种产生不定芽的能力和特性，可采用插根、根蘖等方法进行树木的营养繁殖。

1.1.2 千姿百态的茎

树木的茎主要指树干和枝条部分，树干起源于胚芽，而枝条起源于腋芽。茎是联系根和叶，输送水分、无机盐和有机养料的轴状结构，其顶端具有极强的分生能力。

凡具木质茎的植物称木本植物。树木具有发达的木质部和质地坚硬的木质茎。木本植物全是多年生植物，其中植株高大、主干明显、基部少分枝或不分枝的称乔木；植株较矮、主干不明显、基部发出数个丛生枝干的称灌木；仅在茎的基部发生木质化的称为亚灌木或半灌木。

多数树木茎的外形呈圆柱形，有的树木的横截面呈椭圆形或其他形状。不同植物的茎在长期的进化过程中，形成了不同的生长习性以适应不同的外界环境。茎的生长使叶在不同空间里分布合理，尽可能充分地接受光照。大多数树木的茎属于直立茎。

（1）茎的分枝特性

分枝是树木生长发育过程中的普遍现象，主要指主干的伸长和侧枝的形成，是顶芽和腋芽分别发育的结果。侧枝和主干一样，都有顶芽和腋芽。侧枝上可以继续产生侧枝，依次产生大量分枝，形成树木的树冠。各种树木由于芽的性质和活动情况不同，形成不同的分枝方式，使树木表现出不同的形态特征。主要的分枝方式有单轴分枝、合轴分枝和假二叉分枝三种类型。

1）单轴分枝：树木的主干由顶芽不断向上伸长而形成，侧枝由各级侧芽形成，顶端优势明显，这种分枝形式，称为单轴分枝，也称为总状分枝。

单轴分枝的树木，其主干的伸长和加粗能力比侧枝强得多，在主干上产生各级分枝，侧枝的分枝能力也要比主干弱，容易形成明显的主干。单轴分枝的树木高大挺拔，在园林绿化中适于营造一种庄严雄伟的气氛。裸子植物的树木多数属于单轴分枝，如松、杉、柏、棕榈等。被子植物中也有大量属于单轴分枝的树木，如杨、山毛榉等。

2）合轴分枝：合轴分枝的主干的顶芽在生长季节中生长迟缓或死亡，或者顶芽是花芽，由紧接顶芽下面的腋芽伸长代替原有的顶芽生长，每年交替进行，使主干继续延长。这种主干是由许多腋芽伸展发育而成，实际是侧枝联合组成的。

合轴分枝使树木或树木的枝条在幼嫩时呈现出曲折的形状，老枝和主干由于生长不断加粗，曲折的形状会逐渐消失。合轴分枝的树木其树冠呈开展形，侧枝粗壮，既提高了对宽大树冠的支持和承受能力，又使整个树冠枝叶繁茂，通风透光，有效地扩大了光合作用的面积，是较为先进的分枝方式。

合轴分枝的树木有较大的树冠，具有较好的遮阴功能，在园林绿化和景观美化中适合于营造一种悠闲、舒适和安静的环境，是主要的庭荫树木，如法国梧桐、泡桐树、白蜡树、菩提树、桃树、樱花树、无花果树等。

3）假二叉分枝：具有对生叶的植物在顶芽停止生长后，或顶芽是花芽的树木开花后，由顶芽下两侧腋芽同时发育，形成二叉状分枝，所以假二叉分枝的树木与顶端分生组织本身一分为二的真二叉分枝不同，实际上是合轴分枝方式的一种变化。具有假二叉分枝的树木多数树体比较矮小，属于高大乔木的树种很少，但在城市绿化中的作用非常广泛。

（2）茎的功能

1）输导功能：茎的输导功能是和它的结构紧密联系的。被子植物的茎木质部中的导管和管胞，可以把根系从土壤中吸收的水分和无机盐输送到植物的各个部分；而对于大多数的裸子植物，管胞是唯一输导水分和无机盐的组织。茎的韧皮部中的筛管可以将叶的光合产物运送到植物的各个部分。

2）支持功能：茎的支持作用保证了树木的空间结构和形态，它支持着枝、叶、花、果的空间合理配置，保证了树木正常的光合作用、开花、传粉，以及果实种子的发育、成熟和传播，同时抵御暴风和冰雪的侵蚀。

3）储藏和繁殖功能：茎组织中的薄壁细胞储存有大量的营养物质，特别是在秋冬季节，茎中储存的营养物质对树木第二年春季的发芽、展叶、开花、生长等具有决定性的影响。有些旱生和沙生树木的茎具有储水的结构，雨季能迅速吸收水分并储存起来以供旱季消耗。

不少植物的茎能形成不定根和不定芽，可进行营养繁殖。农、林和园艺工作中用扦插、压条等方法来繁殖苗木，便是利用茎的这种习性。

4）观赏价值：树木的茎还具有一定的观赏价值，如树干和枝的色彩、形状，以及树皮的各种形态、突起、质地等特征，都是树木观赏特征的重要组成部分。

1.1.3 美丽的树叶

绿色，是生命的颜色，是大自然的颜色。人们喜欢绿色，人们向往绿色。植物的叶给大地披上了绿色的衣裳。叶不仅装点了这个世界，而且是植物进行光合作用和蒸腾作用的主要场所，在植物体中起着重要的作用。叶片是叶的主体部分，通常为一很薄的扁平体，这有利于扩大叶的表面积并增加叶的透光性，而且有利于二氧化碳进行光合作用。

（1）树叶的形态

叶形是指叶片的外形。不同的植物，叶形的变化很大，即使在同一种植物的不同植株上，或者同一植株的不同枝条上，叶形也不会完全相同，总是存在一定范围的变化。

1）针形：叶片细长，顶端尖细如针，横切面呈半圆形。

2）披针形：叶片长为宽的 4 ~ 5 倍，中部以下最宽，向上渐狭，如垂柳。若中部以上最宽，向下渐狭，则为倒披针形。

3）矩圆形：矩圆形亦称长圆形。叶片长为宽的 3 ~ 4 倍，两侧边缘接近平行。

4）椭圆形：叶片长为宽的 3 ~ 4 倍，最宽处在叶片中部，两侧边缘呈弧形，两端均等圆。

5）卵形：叶片长约为宽的 2 倍，最宽处在中部以下，向上渐狭。如中部以上最宽，向下渐狭，则为倒卵形。

6）圆形：叶片长宽几乎相等，形如圆盘。

7）条形：叶片长而狭，长为宽的5倍以上，两侧边缘接近平行。

8）匙形：叶片狭长，上部宽而圆，向下渐狭似汤匙。

9）扇形：叶片顶部甚宽而稍圆，向下渐狭，呈张开的折扇状。

10）镰形：叶片狭长而少弯曲，呈镰刀状。

11）肾形：叶片两端的一端外凸，另一端内凹，两侧圆钝，形同肾脏。

12）心形：叶片形状卵形，但基部宽而圆，且凹入。如顶部宽圆而凹入，则为倒心形。

13）提琴形：叶片似卵形或椭圆形，两侧明显内凹。

14）菱形：叶片近于等边斜方形。

15）三角形：叶片基部宽阔平截，两侧向顶端汇集，三边近相等。

16）鳞形：专指叶片细小呈鳞片状的叶形。

（2）树叶的结构

叶片通常扁平。叶片上有明显的脉络叫叶脉，在中央的叫中脉，从中央向边缘分出许多侧脉。大小叶脉在叶片上分布的方式叫脉序，通常有网状脉序和平行脉序。叶片的形状多种多样，如樱桃的叶呈椭圆形，马齿苋的叶呈匙形，松叶呈针形，柏叶像鱼鳞，棕叶如扇，柳树叶像人的眉毛。我国古时为了说明女子的眉毛长得好看，常用“柳叶眉”来形容。

叶柄是叶片与枝相接的部分，它的主要功能是输导和支持作用，叶柄能扭转生长，从而改变叶片的位置和方向，使各叶片不致互相重叠，可以充分接受阳光。

托叶是叶柄基部的附属物，通常成对而生。棉花的托叶为三角形，对幼叶有保护作用。豌豆的托叶大而呈绿色，可起叶的作用。

叶片由表皮、叶肉和叶脉三个基本部分构成。表皮包在叶的外面，通常为一层，在上面的叫上表皮，在下面的叫下表皮，表皮是保护组织，对叶有保护作用。叶的表皮上有许多小孔，是气体出入植物的门户，叫气孔。叶肉是薄壁组织组成的，通常分化为栅栏组织和海绵组织。叶肉是进行光合作用的主要场所。叶脉是叶中输送水分和养料的结构。

（3）树叶的功能

绿色植物的叶子能利用自己所含的叶绿素，吸收水分和二氧化碳，通过阳光进行光合作用，制造出糖类（主要为淀粉），这为人类和动物提供了食物来源。奇怪的是，人类虽然搞清了植物制造糖类的这一过程的原理，却无法人工制造出淀粉，生产出粮食来，这其中的奥妙至今尚未能揭开。由于绿色植物有制造糖类的“特殊功能”，因而被誉为“第一生产者”。

1）光合作用：光合作用是绿色植物在可见光的照射下，将二氧化碳和水转化为有机物，并将光能转变为化学能储藏起来，同时释放出氧气的过程。通过光合作用所产生的葡萄糖，是植物生长发育所必需的能源物质，也是植物进一步合成蛋白质、脂肪、纤维素及其他有机物的原料。对人和其他动物来说，光合作用的产物是直接或间接的食物来源，该过程释放的氧气又是生物生存的必要条件之一。农业生产中无论是粮食作物还是其他经济植物，单位面积的产量都直接与叶的光合作用有关。因此叶的发育和总叶面积的大小，对植物的生长发育、作物的稳产高产都有极其重要的影响。叶片在不同的发育时期，其光合速率也不相同。新长出的幼嫩叶片，光合速率都比较低，所形成的光合产物难以满足本身的需求，必须从成长叶片中获取同化物；随着叶片的长大，其固定二氧化碳的能力不断增加，当叶片定型时，光合速率达到最大值；继续发育，当叶片进入衰老时期，其光合速率又逐渐降低。同一植株上的叶，其形态、结构自下而上常呈一定的梯度变化，光合速率也不相同。

2）蒸腾作用：蒸腾作用是植物体内的水分以气体状态散失到大气中去的过程。蒸腾作用与蒸发本质上是相同的，但是蒸腾作用的过程除受外界条件的影响外，还与植物的形态结构、生理过程的控制有关。叶是蒸腾作用的重要器官。植物根部吸收的水分，绝大部分通过叶的表面积散失到体外。蒸腾作用在植物生活中具有积极的意义，它是根系吸收水分和植物运转水分的重要动力，水分的运转又能促进植物体内矿质元素的运输；蒸腾作用还可以降低叶的表面温度，使植物叶片在强烈的阳光下不致于因温度过高而损伤。

3）其他作用：植物的叶还有吸收能力，例如喷施有机磷杀虫剂等农药，可通过叶表面吸收到植物体内；又如向叶面上喷洒一定浓度的肥料，叶片表面也能吸收。

有少数树木的叶还具有繁殖能力，在叶缘上产生不定芽，芽落地后便可长成一株新植株。

植物的叶有多种经济价值，很多树木如香椿、花椒等的叶子可食用；薄荷、桑叶可药用。另外，芳香油植物的臭檀、毛黄栌等，也都是取材于植物体的叶器官。

(4) 叶片的生活期

植物的叶有一定的生活期，一般来说，叶生活期限不过几个月，也有能生活两年甚至几年的。叶生活到一定时期便会自然脱落，这种现象叫作落叶。木本植物根据落叶的情况分为两种：一种是叶子只生活一个生长季节，每当冬天来临，就全部脱落，叫作落叶植物，如杨柳等；而另一种是叶子可生活两年甚至多年，在植株上次第脱落，就全树而言，终年常绿，叫作常绿植物，如松柏等。植物落叶的原因是叶柄基部形成离层，叶柄自离层处脱离，后来伤口则形成栓化细胞，并在枝上留下痕迹，叫叶痕。落叶一方面是由于叶子机能的衰老，另一方面是对不利环境的一种适应，可以大大减少蒸腾面积，避免植物因缺水而死亡。所以有时落叶对植物并不是一种损失，而是一种很好的适应现象。

1.1.4 希望之花

许多树木都会开出鲜艳、芳香的花朵。这些花朵是植物种子的有性繁殖器官，可以为植物繁殖后代。花用它们的色彩和气味吸引昆虫来传播花粉。繁殖过程始于传粉，然后是受精，最后形成种子并加以传播。对于高等植物而言，种子便是其下一代，而且是各物种在自然分布的主要手段。同一植物上着生的花的组合称为花序。

(1) 花的形态结构与组成

花是植物的繁殖器官，有各种形状和颜色，一般长得很美丽，有的有香味，凋谢后结成果实。德国诗人、剧作家与博物学家歌德首先提出花是适合于繁殖作用的变态枝。这一观点得到了化石记录以及很多系统发育与个体发育证据的支持，并且能较好地解释多数被子植物花的结构，因而沿用至今。

花的形状千姿百态，大约25万种被子植物中，有25万种的花式样。但是所有的花仍有共同的结构图式，它们的组成通常为：

1）花柄：是连接茎的小枝，也是茎和花相连的通道，并支持着花。有长、短，或无。

2）花托：是花梗顶端略膨大的部分，着生花萼、花冠等部分，有多种形状。

3）花萼：花最外轮的变态叶，由若干萼片组成；常绿色，有离萼、合萼、副萼。有保护幼花的作用。

4）花冠：花第二轮的变态叶，由若干花瓣组成；常有各种颜色和芳香味。有离瓣花、合瓣花。可吸引昆虫传粉，并保护雄蕊、雌蕊。

5）雄蕊群：一朵花内所有雄蕊的总称。

6）雌蕊群：一朵花内所有雌蕊的总称。多数植物的花，只有一个雌蕊。

（2）花的功能

“花”在生活中亦常被称为“花朵”或“花卉”。广义的花卉可指一切具有观赏价值的植物（或人工栽插的盆景），而狭义上则单指所有的开花植物。除了作为被子植物的繁殖器官，花卉还一直广受人们的喜爱。花卉可以用于美化环境，而且某些还可以作为一种食物来源。

1.1.5 胜利的果实

果实是被子植物特有的生殖器官，通常在开花授粉之后，以受精的子房为主体而形成，其中多包含有种子。但某些植物也可以通过单性结实而形成果实，这种果实在外形上与正常果实相似，但其中的种子没有生殖能力，通常发生不同程度的退化，甚至完全消失。

（1）果实的结构

果实通常可分为种子和果皮两部分。果皮又可分为外果皮、中果皮和内果皮（但在多数情况下难于区分），其中外果皮的表面有时有各种形态的附属物，如腺毛、钩、翅等。对于可食用的果实来说，我们一般说的果肉，实际上是果皮的一部分，比如桃的肉质部分即为中果皮。

（2）果实的价值

果实与人类的生活关系极为密切。人们常吃的果品，包括苹果、桃、柑橘和葡萄等，都富含葡萄糖、果糖与蔗糖，以及各种无机盐、维生素等营养物质。这些果品不仅可以鲜食，美味可口，而且还能加工制成果干、果酱、蜜饯、果酒、果汁和果醋等各类食品。

此外，在中国民间习用的一些中药材中，枣、茴香、木瓜、柑橘、山楂、杏和龙眼等果实或果实的一部分常用来入药。

1.2 树木与环境

环境是指树木生存地点周围空间的一切因素总和。环境因子中对树木起作用的因子称为生态因子，其中包括气候因子（光、温度、水分、空气、雷电、风、雨和霜雪等）、土壤因子（成土母质、土壤结构、土壤理化性质等）、生物因子（动物、植物、微生物等）、地形因子（地形类型、坡度、坡向和海拔等）。这些因子综合构成了生态环境，其中光照、温度、空气、水分、土壤等是植物生存不可缺少的必要条件，它们直接影响着植物的生长发育。

1.2.1 树木与光

光是树木最重要的生存因子，树木通过光合作用将光能转化为化学能，为地球上的生物提供了生命活动的能源。影响光合作用的主要因子是光质（光谱成分）、光照强度和光照时间长度。

（1）树木对光的要求

一般而言，树木在白光下才能正常生长发育，但是白光中的不同波长段，即红光（760～626纳米）、橙光（626～595纳米）、黄光（595～575纳米）、绿光（575～490纳米）、青蓝光（490～435纳米）、紫光（435～370纳米），对树木的作用是不完全相同的。蓝光和紫光对树木的伸长生长有抑制作用，但对幼芽的形成和细胞的分化均有重要作用，它们还能促进花青素的形成，使花朵色彩鲜艳。紫外线也具有同样的功能，所以在高山上生长的树木，节间均短缩而花色鲜艳。对树木的光合作用而言，以红光的作用最大，红光有助于叶绿素的形成，促进二氧化碳的分解与糖类的合成；其次是蓝光和紫光，蓝光则有助于有机酸和蛋白质的合成，而绿光及黄光则大多被叶子所反射或透过，而很少被利用。

（2）光照时间与植物的生长发育

日照时间的长短除对植物的开花有影响外，对植物的营养生长和休眠也起重要的作用。一般而言，延长光照时数会促进植物的生长或缩短生长期，缩短光照时数则会促进植物进入休眠或延长生长期。苏联科学家曾对欧洲落叶松进行不间断的光照处理，结果显示受光照处理的植株的生长速度加快了近15倍。我国对杜仲苗施行不间断的光照处理，使其生长速度提高了1倍。对从南方引种的植物，为了使其及时准备过冬，则可用短日照的办法使其提早休眠以增强抗逆性。

1.2.2 树木与温度

温度和光照一样，是树木生存和进行各种生理生化活动的必要条件。树木的整个生长发育过程以及树种的地理分布等，都在很大程度上受温度的影响：只有在一定的温度条件下，树木才能进行正常生长，过高、过低的温度对树木都是有害的。树木的生活是在一定的温度范围内进行的，不同温度对树木的作用是不同的。我们通常所讲的温度三基点，是指树木的某一个生理过程所需要的最低温度、最适温度和不能超过的最高温度。

（1）温度直接影响树木的自然分布

气温越低，树木生长越矮，低于一定温度的环境只能生长草类。一般说来，一年中最热月的平均气温如果低于10℃，当地就不能生长乔木。中国位于中低纬度，即使最北的黑龙江省漠河县，最热月平均气温亦达18.4℃，依然林海莽莽。中国因夏季气温过低而影响树木生长的情况只发生在海拔较高的高山地区，如东北海拔2000米以上的山区，华北海拔3000米以上的山区，青藏高原海拔3500~4500米的山区等。在上述环境中，最热月平均气温略高于10℃，乔木已明显变矮，在武夷山主峰附近和云南横断山脉云岭上部，可以看到这种由于主干上分枝间距缩短而形成的小巧玲珑、十分美观的树形。

夏季的最低气温决定了树木是否可以生存，冬季的最低气温则决定生存树木的种类。从东北到华南，从高山到海拔较低的地区，由于冬季最低气温的逐渐升高，树木种类也从耐寒的寒温带针叶林演变到温带的阔叶落叶林、不耐严寒的亚热带阔叶常绿树种，以至郁郁葱葱不见天日的赤道雨林。

经济林木的分布对温度的要求更加严格。温带的苹果树一般最低耐受温度为 -30℃左右的最低气温，因此东北苹果一般只分布在渤海和黄海沿岸。亚热带的柑橘不能耐受 -9 ~ -7℃低温，如果最低气温低于 -9℃，柑橘会遭到毁灭性的冻害。因此长江以北种柑橘无经济价值。热带作物橡胶，气温 5℃时就会受到冻害，这就是中国热带纬度上仍不一定能种热带作物的原因所在。

中国各大城市的行道树木也可以体现许多树木与气候的关系。北方属温带气候，多采用阔叶落叶树作行道树种，甚至亚热带的长江中下游地区也是如此。因为这些地区夏天的太阳高度和气温都比较高，此时行道树正好具有遮阳作用。待到冬季寒潮滚滚南下，气温剧降，这时树木已掉光了叶子，慷慨地让那温暖的阳光洒满人行道。

但是在热带地区，炎夏十分漫长，即使冬季气温亦较高，因此行道树多选用常绿树种，一年四季遮阳。在广州、南宁等华南地区的大城市里，马路两旁的行道树冠常已连接，使马路成了一条凉廊。榕树生长于热带地区，在热带和亚热带南部冬季温暖地区均可成活。雨季中由于气温高、湿度大，从树枝上下垂的气根生机旺盛，一旦到达地面，即在土中生根，逐渐变成真正的树干。由于这些次生树干的支撑，榕树枝干可以继续向横里生长，若干年后，一棵大榕树便可独树成林，甚至占地几亩。

（2）树木的分布间接影响温度的高低

“大树底下好乘凉”。炎热的夏季，树林里空气湿润、凉爽宜人，这是因为树木的蒸腾作用，能降低周围环境的温度；在冬天，植物能够阻滞寒风，能减缓降温过程。

季节不同，树林中气温变化规律也不同。冬季（12 月至翌年 2 月），树林中气温全天比树林外气温高，但相差不大。春季（3 ~ 5 月），白天树林中气温比树林外高，但夜间比树林外低。这是因为春季树木没有发叶，白天获得的太阳辐射较充足，加之林内乱流较弱，所以白天林内气温比林外高；夜间林冠上有冷空气下沉和林内乱流不强，因而气温比林外低。夏季和秋季（6~9月），白天因林冠稠密的树叶强烈地削弱了太阳辐射，林中所获得的热量较无林地少，加之森林总蒸发耗热较大，所以气温自然比林外低；夜间森林继续有蒸发耗热以及乱流较弱，因之气温仍旧比林外偏低。深秋因叶子脱落，林内与林外气温之差与春季相仿。

1.2.3 树木与水分

水是树木生存的重要因子，它是组成树木的重要成分，树体内含水量为50%。只有在水的参与下，树木体内的生理活动才能正常进行，而水分不足，会加速树木的衰老。树木中的水主要来源于大气降水和地下水，在个别情况下，树木还可以利用微量的凝结水。水是通过不同质态、数量、持续时间这三个方面的变化对树木起作用的。水可呈多种质态，如固态水（雪、雹）、液态水（降水、灌水）和气态水（水蒸气、雾），不同质态水对树木的作用不同；数量，是指降水的多少；水的持续时间，是指干旱、降水、水淹等持续的天数。水的这三个方面对树木的生命活动影响重大，直接或间接影响树木的生长、开花和结果。

（1）降水直接影响树木的生长

如果温度条件可以满足树木生长的需要，那么树木究竟能否生长，以及长成什么样子，就要看降水量的多少了。

热带、亚热带和温带的干旱地区，就是由于水分的极度缺乏以至于不能生长树木及草类而成为荒漠的。在热带地区，如果雨季中雨量较少，例如非洲年降水量500~1000毫米的地区，会形成一种稀树草原景观，草原上稀稀拉拉地分布着一些较矮的乔木，一般具有伞状树冠，其中最著名的要算是猴面包树了。这种树树干粗壮，疏松的肉质树干内储存着大量水分。果实常重达数千克，淀粉质果肉可供食用，因此才有“猴面包”之称。

30°~40°纬度的大陆西岸，属地中海气候。这里冬季较温暖，树木可以照常生长。降水对树木的影响主要是因为降水和热量的季节匹配不当。地中海气候的雨季在冬季，夏季是旱季。这里的树木为了度过干旱的长夏，森林不密，树木不高，树叶坚硬呈革质，有的长有许多茸毛，没有光泽，称为硬叶常绿林。橄榄是地中海气候最重要的经济林木。

海拔较高、范围较大的山区，其各处的植被景观相差很大。这主要是由于地形和海拔高度的不同引起降水量巨大差异所造成的。降水量一般随海拔高度升高而增加。因此在最典型的情况下，可以发生山麓荒漠而高山上有森林的奇景，例如中国天山北坡、祁连山北坡等就有这种情况出现。

迎风坡降水量常比背风坡多得多，因而山区迎背风坡植被景观也有很大的差异。例如位于热带季风区中的柬埔寨西南部，面迎西南季风的豆蔻山脉西南坡年降水量可以多达3000毫米以上，最多雨的卜哥山甚至可以超过5000毫米，因而西南坡上均为热带雨林景观，树木分层，林中藤本和攀援植物极多；但是背风东北坡（包括首都金边地区）由于地形影响，年降水量大为减少，仅有1000～2000毫米，因此林相稀疏，树种单一，而且到了旱季后期，植物为了自我保护，减少高温下的大量水分散失，竟然掉光了一身树叶（树木不是冬季而是春季落叶），可是它仍然是乔木！在中国西双版纳，可以看到冬春旱季中橡胶林内叶落满地、枝上树叶稀疏的情况。当背风坡降水量减少到临界值以下时，植被景观也可发生质变。例如中国大兴安岭东坡，面迎太平洋，年降水量450～500毫米，温带森林满坡；可是背风西坡年降水量减少到250～300毫米，因而草原无际，淹没牛羊，遂有“天苍苍，野茫茫，风吹草低见牛羊”的景观。世界上甚至也有迎风坡是森林而背风坡为荒漠、半荒漠的极端情况，例如南北美洲的西海岸山脉。

（2）森林是绿色海洋

林区的气候类似海洋，故有“绿色海洋”之称。森林，特别是原始森林，成立体结构，高大树木、低矮灌木、地面草木、菌类植物共存，对水蒸气的捕获能力强，当这些水蒸气凝结后降水落到地面上时，就相当于降水。在我国南部地区，林区烟雾缭绕，此种捕水能力不容小觑。由于水比热容较大，云雾存在减少了地面的蒸发，单就云雾林所捕获的水分来说，超过了其蒸散量，即增加了降水。植树造林能够增加降水，森林吸收深层土壤水分，通过树木的蒸腾作用把水蒸气随大气运输出森林之外，其中相当大一部分在林区附近凝结成雨，增加降水。

1.2.4 树木与风

（1）风可影响树木的外形

一般说来，风并不影响树木的生存，主要只影响其外形。随着风速的增大，如果各种风向机会均等，一般来说也不会对树形发生重大影响，与静风环境相比，仅仅是树冠稍会有不同程度地减小罢了。但是当风向比较单一，即当地只有一种盛行风向时情况就不同了。树木面迎盛行风向的一侧由于经常承受较大的风速，水分蒸发大大加速而使新生枝芽生长缓慢甚至枯萎；而背风的一侧仍能继续生长，从而使树形发生不对称，气候学上称之为风成偏形树。有些偏形树很像倒放的扫帚，帚尖指向盛行风吹去的那个方向，成为活的气候风向标。一般说来，除了盛行风频率特别高的信风带和西风带中的有些地区外，世界上其他地区一般只有在狭谷或风口处才会有偏形树存在。

（2）树木可有效减少风害

防风林是利用森林的防护、绿化、净化、防风固沙、水土保持、涵养水源等功能，以防御自然灾害、维护基础设施、保护生产、改善环境和维持生态平衡等为主要目的的森林群落。防风林对于恢复我国“三北”地区的自然生态平衡，减缓风沙和水土流失的严重威胁，缓解能源短缺，保障工农业生产和经济建设等都具有十分重要的作用。

在森林表面以上，风速一方面受林冠粗糙起伏的影响有所削弱，另一方面由于气流受到压缩而得到增强，总的效应使森林中比开阔地同样高度的风速有所增强。气流越过森林时，在森林上方几百米的高度上都能出现乱流加强的现象。森林中风速在垂直方向上随高度变化不大。当森林上方的风速为 4 米/秒时，秋季长满叶簇的林中风速比春季未长新叶的林中风速要小 0.4 ~1 米/秒；在长满叶子的林冠层中部风速出现最小值，而在林冠之下的树干处风速有所增大。后者在林下无灌木层的疏林中更为明显。事实上这与有作物的农田中的风速垂直分布是相似的。林中风速的水平分布在森林中由林缘向内，随着距离的不断增加，风速逐渐减弱。森林密度的不同，对林内风速减弱的程度是不一样的。有关专家研究指出，阔叶林中 2 米高度风速与空旷平地上的风速的比值，在稀疏的森林中，冬季

（脱叶）为0.4～0.6，夏季为0.3～0.4，在稠密的森林中，冬季为0.2～0.3，夏季为0.1～0.2。此外，风和日丽的时候，森林与邻近的空旷地之间易形成弱的局地环流。白天，在林冠高度以上气流从空旷地流向温度较高的林冠，地面上的气流则从森林流向空旷地。夜间相反。森林面积越大，这种局地环流越明显。

1.2.5 土壤与树木

土壤是树体生长发育所需水分和矿物质营养元素的载体，是固定树木的介体，树木通过根系来固定支撑其庞大的树体。土壤是地壳表层经风化、腐殖化作用而形成的疏松部分，是母岩状况、气候、地形、生物长期共同作用的结果，其理化特性与树木的生长发育极为密切，良好的土壤结构能满足树体对水、肥、气、热的要求。土壤具有潜在的生物生产力，对树木生长的影响主要表现在土壤厚度、质地、结构、水分、空气、温度等物理性质，土壤酸度、营养元素、有机质等化学性质，以及土壤的生物环境。

（1）土壤温度与树木

土壤温度直接影响根系的活动，同时制约着各种盐类的溶解度、土壤微生物的活动以及有机物的分解和养分转化等。树木根系生长与土壤温度有关，夏季土壤温度过高时，表土根系会遭遇伤害甚至死亡，故可采取种植草坪、灌木等地被植物或进行土壤覆盖加以解决。根际土壤温度与树体生长有关，其实质是对光合作用与水分平衡的影响。据测定，光合蒸腾率随土壤温度上升而降低。当土壤温度为29℃时开始降低，到36℃时根组织的干物质明显下降，叶中钾和叶绿素的含量显著减少。当土壤温度为40℃时，叶片水分含量减少，叶绿素含量严重下降，而根中水分含量增加，这是由于高温导致初生木质部的形成减弱，水的运转受阻。当冬季土壤温度低于－3℃时，根系冻害发生，低于－15℃时大根受冻。

土壤的热量主要来源于太阳辐射能，经土壤表面吸收传到深层；土壤的升温和散热取决于土壤各层的温差、土壤导热率、热容量和导湿率等。土壤表面和深层的温差越大，热量交换就越多，如沙土升温快散热也快。湿土层温度变化小，升温和散热较缓，干土则相反。因此在水少情况下，热容量大的黏土白天升温比沙土慢，夜间散热也慢；春季黏土比沙土温度低，但在升温时比沙土保温能力强。

（2）土壤养分与树木

土壤中含有树木生长所必需的各种养分，虽说树木可以通过多种渠道获得生长所需要的营养，但主要是由根系从土壤中吸收。土壤中的营养元素大部分保持在有机碎屑物、腐殖质及不溶性的无机化合物中，它们只有通过缓慢的风化和腐殖作用，才能成为有效养分而为树木所吸收。有效养分主要为土壤胶粒所吸附的营养元素和土壤溶液中的盐类，如阳离子态的 NH_4^+、K^+、Na^+、Ca^{2+}、Mg^{2+}、Cu^{2+}等；而阴离子态的 SO_4^{2-}、NO_3^-、Cl^-，则主要存在于土壤溶液中。树木根系通过离子交换方式吸收这些营养元素。

（3）土壤水分与树木

矿物质营养物质只能在有水的情况下才能被溶解和利用，所以土壤水分是提高土壤肥力的重要因素，肥水是不可分的。一般树木的根系适应田间持水量为60%～80%的土壤，通常落叶树在土壤含水量为5%～12%时叶片凋萎（葡萄5%，桃7%，梨9%，柿12%）。干旱时土壤溶液浓度增高，根系非但不能正常吸水反而产生外渗现象，所以施肥后强调立即灌水以维持正常的土壤溶液浓度。

（4）土壤通气与树木

树木根系一般在土壤空气中含氧量不低于15%时生长正常，不低于12%时才发生新根。土壤空气中二氧化碳增加到37%～55%时，根系停止生长。土壤淹水造成通气不良，尤其是有机物含量过多或温度过高时，氧化还原电位显著下降，使得一些矿物质元素成为还原性物质，抑制根系呼吸，造成根系中毒，影响根系生长。黏重土或土壤下层具有横生板岩或白干土，易造成土壤通气不良。

各种树木对土壤通气条件要求不同，可生长在低洼水沼地的越橘、池杉忍耐力最强；可生长在水田地埂上的柑橘、柳、桧、槐等对缺氧反应不敏感；桃、李等对缺氧反应最敏感，水涝时最先死亡。

（5）土壤有害盐类与树木

土壤有害盐类以碳酸钠、氯化钠和硫酸钠为主，其中碳酸钠危害最大。各种盐类妨碍树木生长的极限浓度为：硫酸钠0.3%，碳酸盐0.03%，氯化物0.01%。大多数树木根系分布在2.5～3米的土层内，树体受害轻者，生长发育受阻，枝叶焦枯，严重时整株死亡。

地球上很多地区均有较大面积的盐碱地，对发展绿化种植有一定困难。选择耐盐树种，遵循生态平衡的原理，根据植物形体和特性，依照天然群落的结构特征，从木本盐生植被区、海滩沙生盐被区、盐生植被区和沉水植物群落中进行耐盐渍性树种选择，采用引进与乡土树种相结合的办法，根据树种的高矮、冠形、根系深浅、抗盐程度、喜光耐阴等不同特性重新组合，构成和谐有序、稳定壮观且能长期共存的复层混交的立体人工群落，可以取得较为满意的结果。此外，地形设计是盐碱地园林树木栽植的重要措施，其指导原则是挖池堆山、扩大水面、抬高地形局部。土山堆积需埋设排盐暗沟，其出口注入水池，经过灌溉和雨水淋洗，可大大降低土壤的含盐量。再根据树种的抗盐性能选择安排，将抗盐能力强的树种栽植在较低处，抗盐力较弱的树种则栽植在排盐良好的土山上或地势较高处。水体在盐碱地造园中起着重大作用，它不仅能丰富景观、增加灵气，其最大功能还在于排盐改壤。

1.3 树木是人类最好的朋友

人类离不开树木，树木提供给我们日常吃的水果，炒菜用的椰油、橄榄油，治病用的多种中药，建筑材料、家具、学习用品、纸张、人造纤维，等等，树木用自己身体的各个部分丰富了我们的生活。

树木是地球水循环中不可缺少的一环，没有树木地球表面将被大面积的沙漠所覆盖。“破坏树木、破坏森林无异于自掘坟墓”。

从我国的四大发明到我们现在的衣食住行，我们的一切生活都离不开树木。树木一方面为我们提供衣食住行的一切必需品，同时还可吸收二氧化碳、释放氧气、涵养水源、保持水土、净化空气、减轻污染及噪声，等等，从而为人类创造了良好的生存环境。树木与人类的生存和发展息息相关，随着社会的发展，人们也赋予了树木丰富的文化内涵。

树木可以调节气候、净化空气、防风降噪，还能防止水土流失、山体滑坡等自然灾害。树木能降低噪声，是天然的“消声器”，30～40 米宽的林带可降低噪声 26 ~ 43 分贝。

树木可调节周围的温度、湿度，降低风速。一棵大树的调节作用抵得上 5 个一般的室内空气调节器。夏季树林地比空旷地气温低 3 ~ 5℃，当室内平均气温高达 35℃时，树林内平均气温也就只有 22℃左右，相差 13℃；冬季树林地比空旷地气温高 2 ~ 4℃。

树木是氧气制造工厂。每公顷阔叶林每天可以吸收 1 吨二氧化碳，释放出 0.73 吨氧气。树木能吸收二氧化碳，放出氧气，满足人的生存需要。若缺少树木，空气中二氧化碳含量就会升高，当达到 40% 时，人就会有头痛、耳鸣、血压增高、呕吐等症状，影响健康。

树木是粉尘过滤器。当含尘量大的气流通过树林时，随着风速的降低，空气中颗粒较大的粉尘会迅速下降。另外，有些树木的表皮长有绒毛或者能够分泌出油脂，它们能把粉尘粘在身上，从而使经过树林的空气含尘量大大降低。

树木是杀菌能手。许多树木在生长过程中会分泌出杀菌素，杀死由粉尘带来的各种病原菌。据调查，每立方米空气中的含菌量，百货大楼中为 400 万个，林荫道上为 58 万个，公园里为 100 个，而林区只有 55 个。林区空气中的含菌量仅为百货大楼的 1/70 000。

树木能美化环境，使人爽心悦目。据研究，在人的视野中有 25% 的绿色时，人就会感到心情舒畅，有利于身心健康。

树木是人类最好的朋友，是生命的象征。树是具有木质树干及树枝的植物，多为有明显直立主干的乔木，植株树体高大，分枝距离地面较高，可以形成千姿百态的树冠。树的形态多种多样，但通常情况下可以分为根、茎、叶、花和果等五个主要部分。树木生存地点周围空间的一切因素包括气候因子（光、温度、水分、空气、雷电、风、雨和霜雪等）、土壤因子（成土母质、土壤结构、土壤理化性质等），生物因子（动物、植物、微生物等）、地形因子（地形类型、坡度、坡向和海拔等）。这些因子综合构成了生态环境，其中光照、温度、空气、水分、土壤等是植物生存不可缺少的必要条件，它们直接影响着植物的生长发育。

2　硕果累累

在树木王国中，有一类能生产可供人类食用的果实或种子及其衍生物的多年生木本和草本植物，它们就是果树。果品既含有多种维生素和无机盐，也含有糖、淀粉、蛋白质、脂肪、有机酸、芳香物质等，是人体生长发育和营养必需的物质。许多果实及种子均可入药，具有治疗疾病的作用。果树适应性强，不仅能种植在平原、河流两岸、道路、农村院前屋后，还可以在沙荒、丘陵、海涂等地生长，选栽适宜的果树，不仅增加经济收入，而且可以防止水土流失、增加绿色覆盖面积、调节气候，从而绿化、美化、净化环境。果树是食品工业和化学工业的重要原料组成，也是农业的重要组成部分，随着农村产业结构的调整和农产品市场的放开，特别是在丘陵、山地、沙荒地等处，因地制宜发展果树生产，给农民能带来可观的效益。我国具有丰富的果树资源，果树生产在国际市场具有很强的竞争力，是农产品出口创汇的重要来源。

2.1　果树起源与栽培历史

果树是一种重要的经济作物，是园艺作物的一部分。一般说来，果树是指能生产可供人类食用的果实或种子及其衍生物的多年生木本和草本植物。全世界所有的果树种类（包括原生种、栽培种、砧木和野生果树）有 2792 种，分属 134 科，659 属，其中较重要的有 300 种，主要栽培的果树约 70 余种。另有变种 110 种，起源于中国的有 52 种。

2.1.1　果树的价值

农业是国民经济的基础。果树栽培是农业的重要组成部分，是农村经济收入的重要来源，对振兴农村经济、促进粮食生产、繁荣市场、发展外贸和提高人民生活水平都具有重要意义，在我国社会主义大农业多种经营中占有重要地位。

（1）增加国民总收入

果树产量大、产值高、生产成本低，经济效益显著，销路广，适合外贸内销。美国的苹果、柑橘，行销全世界，我国的猕猴桃每年出口外销获得高额收益。我国的苹果、梨单位面积产量 1.5 万 ~2.0 万千克/公顷，葡萄 3 万 ~3.5 万千克/公顷，每千克按 4 元计算，单位公顷果树的产值为 6 万 ~14 万元。

（2）直接提供副食品

果树在世界各地广泛栽培，不仅是因为其果实色泽鲜艳、香气诱人和风味颇佳，而且可以提供有益于人体健康的各种营养物质。人类很早就认识到果树果实的营养作用。我国有民谚：“一天吃仨枣，一辈子不显老”。国外也有一种说法：“天天吃苹果，医生远离我”。现代科学研究证明，果树的果实可为人们提供了六大营养物质：糖类，如葡萄糖、果糖、蔗糖和淀粉等；蛋白质和氨基酸，包括一些能直接参与人体内代谢活动的酶；脂类，如椰肉和核桃种仁中所含的油；矿物质元素，如磷、钾、铁、钙、镁、锌等；有机酸，如苹果酸、柠檬酸等；多种维生素，如维生素 C（抗坏血酸）、维生素 E、维生素 P 以及维生素 A（在体内由胡萝卜素转化而成）。世界卫生组织建议人均每年最少消费水果 45 千克，常吃水果对健康十分有利。

（3）可以为食品工业、医药工业提供原料

果品除鲜食外，还可加工成罐头、果干、果酒、果粉、果酱、果脯等，如柑橘皮可提炼香精和果冻。另外，核桃树、梨树、枣树的木材可以加工成家具或工艺品。许多果品还能起到保健、强身、预防疾病的作用，如大枣补气养血，梨清热、化痰，苹果保养肝肾，山楂消食，荔枝健脾养血，香蕉润肠、降压，柑橘润肺理气。猕猴桃不仅维生素 C 含量很高，超氧化物歧化酶（SOD）活性很强，对癌细胞的形成有一定的阻碍作用。南太平洋岛国斐济人民以杏及其制品为主食至今无癌症发生。另外，如枣、杏仁、橘皮、山楂等也是我们熟知的中药材。

（4）有效利用土地，提高经济效益，美化环境

果树栽培大多占用山地、沙荒地，而不占用耕地，是经济利用土地，发展国

民经济的一条途径，同时改善了生态环境，降低污染，促进人民身心健康，如种植柑橘可以较多地吸收空气中的二氧化硫。

农业是整个国民经济的基础，而果树栽培又是农业的组成部分，随着农业生产的发展，果树生产也应不断提高，才能满足人民物质生活不断增长的需要。

2.1.2 果树的分类

果树的分类有两种方法，一种是植物学分类法，另一种是园艺学分类法。

（1）植物学分类法

树种是植物学分类的基本单位。一个果树树种是指形态结构基本相同，个体间能够进行有性生殖，遗传特性相对稳定，在一定的生态环境条件下生存的果树群体的总成，如苹果树、梨树、桃树、李树、杏树、樱桃树、柑橘树、枣树、葡萄树、香蕉树、菠萝树、荔枝树等。

（2）园艺学分类

在园艺栽培过程中，根据分类依据不同，对果树的分类有不同的分类方法。

1）野生果树和栽培果树：

a. 野生果树：指一直在自然环境下生长，未经人类驯化改良栽培的果树植物，如酸枣树、君迁子、山定子等。野生果树可以作为种质资源用于培育新品种，也可作为砧木。

b. 栽培果树：指经过人类驯化，具有一定的经济价值和相对稳定遗传性状，并在生产上广泛栽培的果树植物，如苹果树、梨树、桃树等。

2）落叶果树和常绿果树：

a. 落叶果树：指每年秋季和冬季叶片全部脱落的果树，如苹果树、梨树、桃树、李树、杏树、葡萄树、核桃树、柿树、枣树等。

b. 常绿果树：指终年具绿叶的果树，特点是老叶在新叶长出之后脱落，如柑橘树、龙眼树、芒果树、荔枝树、枇杷树等。

3）水果果树和坚果果树：

a. 水果果树：按果实结构可进一步分为以下几类。

仁果类果树：由合生心皮下位子房与花托、萼筒共同发育而成的肉质果，主要食用部分起源于花托和萼筒，子房所占比例较小。子房的心室数因种而异，多为5室，少数2~4室，每室大多有2个胚珠。因人们食用的部分是花托而非子房，故又称假果，如苹果、梨等。

核果类果树：肉质果，内含一枚种子，核果属于肉果，常见于蔷薇科、鼠李科等类群植物中。三层果皮性质不一，外果皮极薄，由子房表皮和表皮下几层细胞组成；中果皮是发达的肉质食用部分，全由薄壁细胞组成；内果皮的细胞经木质化后，成为坚硬的核，包在种子外面。肉质食用的大部分“果肉”来源为中果皮，如桃、李、杏、梅、樱桃等。

浆果类果树：由子房或联合其他花器发育成柔软多汁的肉质果，种子小，藏于果实内。浆果类果树种类很多，如葡萄、猕猴桃、草莓、树莓、醋栗、越橘、果桑、无花果、石榴、杨桃、人心果、番木瓜、番石榴、蒲桃、西番莲等。

柑橘果类果树：肉质果的一种，也是浆果的一种，属于真果。由复雌蕊形成，外果皮呈革质，软而厚，有精油腔；中果皮较疏松；中间隔成瓣的部分是内果皮，向内生有许多肉质多浆的肉囊，由合生心皮的上位子房形成。这是柑橘类植物特有的一类果实，如柑、橘、橙、柚、柠檬等。

荔枝果类果树：包括荔枝、龙眼等。

聚复果类果树：包括菠萝、桑葚、草莓、蕃荔枝等。

b. 坚果果树：果实由子房发育而成，外具硬壳（内有种子可食），果实极耐储运，含水分少（脂肪、淀粉、蛋白质多），如核桃、板栗、榛子等。

4）多年生草本果树和木本果树：

a. 多年生草本果树：茎内本质部不发达，一般地上部在生长季结束后死亡，包括香蕉、菠萝等。

b. 木本果树：

乔木果树：主干明显而直立，如苹果、梨等。

灌木果树：主干矮小不明显，枝干丛生，如醋栗等。

藤本果树：茎具缠绕攀缘特性，如葡萄、猕猴桃等。

5）寒带、温带、亚热带和热带果树：

a. 寒带果树：指能耐 -40℃以下的低温，适宜在寒带地区栽培的果树，如树莓、榛子、秋子梨、山葡萄等。

b. 温带果树：适宜在温带地区栽培，一般秋冬落叶，如苹果、梨、桃等。

c. 亚热带果树：通常需要短时间的冷凉气候（10～13℃，1～2个月）以促进开花结果，适宜在亚热带地区栽培，一般为常绿果树，如柑橘、荔枝等。

d. 热带果树：适宜在热带地区栽培的常绿果树，如香蕉、菠萝等。

2.1.3 世界栽培果树的起源

世界上栽培果树均直接或间接起源于野生果树，一般通过采集、管理、栽培的过程而驯化的。由野生果树向栽培果树的过渡，有的现在还可追溯到一些痕迹。例如，瓦维洛夫（1931）把高加索、中东和天山山脉一带的品质优良的西洋梨、苹果、樱桃李等在原地保留下来，这可看作是一种果园的雏形或原始阶段。关于果树起源的中心，有三个方面的观点。

（1）二大中心论

在世界栽培果树起源的研究中，早期首推瑞士人 A. P. De Candolle（1806—1893），在他所著的《农艺植物考源》一书中，列举了世界栽培植物247种，其中旧大陆原产的199种，新大陆原产的45种，尚有3种未定。书中指出野生果树最早被驯化的地点是中国、埃及、西亚地区以及亚洲的热带地区。

1）旧大陆原产果树：栽培历史在3000年以上的有桑、葡萄、毛叶枣、芒果、杏、扁桃、桃、西洋梨、苹果、石榴、油橄榄、无花果、枣椰、香蕉等。栽培历史在2000年以上的有黑桑、柚、香橼、橙、枣、欧洲甜樱桃、欧洲李、番樱桃、马六甲蒲桃、树菠萝。栽培历史在2000年以内者有欧洲草莓、覆盆子、茶藨子、红茶藨子、阿月浑子。起始栽培年代不明的有橘、北非枣、乌荆子李、沙梨、楸子、枇杷、柿、君迁子、面包果、荔枝、龙眼、毛龙眼、欧洲栗、板栗、核桃、椰子。

2）新大陆原产果树：在发现美洲大陆之前始栽的有南美番荔枝、油梨、番木瓜、菠萝、番石榴。在发现美洲大陆之后始栽的有弗吉尼亚草莓、智利草莓、美洲柿。起始栽培年代不明的有番荔枝、牛心果、曼密苹果、腰果等。

（2）八大中心论

苏联瓦维洛夫于1923—1931年间对亚、欧、非和拉丁美洲的68个国家进行空前的全球性考察，于1935年发表了《植物育种的植物地理基础》一文，第一次绘制出了栽培植物起源中心草图，发展了起源中心或基因中心的理论。他在文中指出：一个起源中心具有在其周缘有显性等位基因特征，隐性基因频率增加时多样性就减少，其原因在于近亲繁殖和地理隔离。在中心的周围可以发生出次生基因中心，即由隐性等位基因所控制的多样性新区，包括中国中心、印度斯坦中心、印度支那-马来西亚中心 、中亚中心、近东-小亚细亚中心、地中海中心（包括地中海沿岸地区）、墨西哥-中美洲中心、南美洲中心。

瓦维洛夫对栽培植物起源做了比较全面的研究和定位工作，认为世界最重要的栽培作物开始发展地带位于北纬20°~45°，并常与大山脉总的走向相一致，又常被沙漠和山脉所隔离，而这种隔离又产生了独立的植物区系、人群和农业文化。

瓦维洛夫认为绝大部分栽培植物发源于东方，尤其是中国和印度，其次是近东和地中海。有些植物的起源有几个地区或中心。在原始中心的边缘可以发展出次生中心。他指出，这8个起源中心不但具有多数的属和种，而且在每一种下还有多数的变种、变型。在原始分布区中心的种常具有显性特征，而在其周围或若干分散的地区则常具有隐性特征。这些隐性类型通过杂交与变异，可以形成很多有价值的品种。

英国L. H. Burkil（1953）在《人的习惯与旧世界栽培植物的起源》一文中指出，瓦维洛夫提出的8个起源中心的全部证据都取自植物而不考虑栽培它们的人，并且把中心都划分在山区，这些都是不全面的。山区比平原植物种丰富，是由于山区不同的微域气候密集，增加了变异体生成的机会。山区是育种家发掘植物新类型的场所，而不是世界栽培植物的可靠中心。

英国G. D. Darlington（1950）从细胞学和染色体分析来研究栽培植物起源；根据多人的意见，将栽培植物起源地区划分为9个区和6个亚区，除新增欧洲、北美两个亚区外，基本上与瓦维洛夫的划分相同，只是所列起源的栽培植物种类减少。

（3）十二大中心论

1970年，茹可夫斯基根据近年遗传育种工作的进展，对瓦维洛夫学说又做了修改补充，发表了《育种的世界植物基因资源》（大基因中心和小基因中心）一文；扩大了关于起源中心的概念，增加了澳大利亚、欧洲－西伯利亚、非洲、北美洲四个中心，几乎包括了全球的陆地。取消了瓦维洛夫所列的一些育种上不重要的种，增加了一些新发现的有育种价值的种类，在每种上都注明了染色体组合、初生基因中心和次生基因中心。

荷兰Zeven和茹可夫斯基（1975）合作编写了《栽培植物及其分化中心辞典》，总结了各国学者对栽培植物起源的意见，并按照茹可夫斯基所提出的12个地理中心，分区列出栽培植物及其野生近缘种，按科、属、种的拉丁名称首字的字母顺序排列。选取种类较过去有所增减，共167个科，2297个种。

据茹可夫斯基和Zeven（1975）所提出的12个大中心论，世界栽培果树起源和类型形成以下基因中心：中国－日本中心、印度尼西亚－印度支那中心、澳大利亚中心、印度斯坦中心、中亚细亚中心、西亚细亚中心、地中海地区中心、非洲中心、欧洲－西伯利亚中心、中美洲中心、南美洲中心、北美洲中心。

2.1.4　我国果树起源

我国是世界8个栽培植物原产中心之一，地跨寒带、温带和热带，自然条件优越，果树包括原产的和引入的，约有59科，158属，670余种，品种不下万余个。在这些果树品种中，尤以蔷薇科、芸香科、葡萄科、鼠李科、无患子科、桑科等种类最多，经济价值也最高，而作为商品性生产的品种约占5%。我国北方野生和栽培的品种主要有13科，90种左右。

据陕西省西安市郊半坡村新石器时代遗址考证，相关遗迹中有栗、榛。江苏省吴江县梅埝青莲岗文化遗迹中发现有“核果类”果核。浙江省余姚河姆渡新石器时代遗址中有酸枣。这些证据表明远在5000乃至6000年前，人类即已采集栗、榛、酸枣及核果类果实作为食物。

《诗经》已记载了栗、枣、桃、梨、李等的人工栽培。《山海经》《尔雅》《史记》等古代文献中已记载有杏、梅、柿、山楂、木瓜、葡萄、猕猴桃、柑橘、荔枝、龙眼、枇杷、杨梅、香榧等多种果树的栽培情况。上述果树现在都能寻找到它们的野生类型。全世界原产于中国的栽培果树和砧木在200种以上。因此，中国是世界最早、最大的果树起源中心。

2.1.5 我国果树类别与资源

我国是世界栽培植物最大的一个起源中心，提供给人类有用植物的总数也居世界第一。我国的果树种资源尤为丰富，素有“园林之母”的称号。我国苹果属、梨属、李属种类之多，均居世界之首；许多柑橘类果树也多原产于我国。

原产于我国的温带落叶果树主要有：白梨、沙梨、秋子梨、杜梨、豆梨、楸子、西府海棠、沙果、山荆子、桃、李、杏、梅、樱桃、毛樱桃、山楂、木瓜、山葡萄、刺葡萄、猕猴桃、榛、栗、山核桃、香榧、银杏、果松等。亚热带和热带果树有：甜橙、柑、橘、香橙、金柑、枇杷、杨梅、荔枝、龙眼、橄榄等。加上尚待驯化的果树近万种，野生种及砧木资源等就更多了。

我国人民自古以来，不仅驯化栽培了原产我国的野生资源，发展果树生产，而且在很早以前就开始从世界各地引种了许多果树。不断丰富我国的果树生产，如葡萄、核桃早在汉代就引入我国。从国外引入优良品种或具有特殊性状的种质，是丰富我国果树种质资源、改善我国果树种类和品种结构、尽快发挥经济效益的一条途径，并对增加遗传资源，提高育种效果起着重要作用。仅从20世纪70年代至90年代，通过正式渠道在国家引种主管部门登记备案的引入的果树种类和品种计1680份以上，分属28科，36属，131个种，分别从美国、日本、意大利、英国、波兰、保加利亚等40余个国家引入。原产我国和从国外引入的果树，在复杂的自然条件下，通过长期栽培选择，形成了许多生态类型和地方品种。我国仅梨的栽培品种估计在3000个以上，枣品种600余个。在各类果树中也形成了不少中外久负盛名的优良品种，诸如山东的莱阳茌梨、肥城佛桃、乐陵金丝小枣，河北的定县鸭梨、赞皇大枣、磨盘柿，广东的桂味荔枝、糯米荔枝，福建的普明庵龙眼、福眼龙眼、乌龙岑龙眼，浙江的软枝白沙、照种枇杷等。

（1）我国果树资源利用情况

当前我国果树资源的利用情况，大致可分四类：

1）广泛作为经济栽培，已经成为大宗商品的树种：

a. 落叶果树：苹果、沙果、梨、葡萄、枣、柿、桃、李、杏、梅、樱桃、板栗、核桃、山楂、榛子、石榴、银杏、猕猴桃、草莓等。

b. 常绿果树：柑橘类、菠萝、香蕉、荔枝、龙眼、枇杷、杨梅、橄榄、芒果、杨桃、椰子、番石榴、香榧、黄皮、番木瓜等。

2）局部地区有一定栽培面积，有较大经济效益的树种：无花果、果桑、树莓、醋栗、木瓜、山葡萄、阿月浑子、人心果、油梨、西番莲、木瓜等。

3）现已开发利用的树种：沙棘、刺梨、金樱子、小果蔷薇等含有大量维生素C的野生、半野生果树。

4）可供同属或近缘树种作砧木，或具有杂交育种用途的材料：苹果属、梨属、桃属、杏属、山楂属、柑橘属、核桃属、栗属和柿属中的野生、半野生种类。

（2）我国果树带的划分

各种果树在系统发育的漫长过程中，形成了一定的生物学特性和对自然生态条件的适应性，具有一定的生态特性与分布规律。中国地域辽阔，地形气候复杂多样，果树种类繁多，是世界最大的果树起源中心。由于果树与环境相互作用与统一的结果，经过漫长的系统进化，使得中国果树种类的生态特征与分布具有其独特性和复杂性。

果树带的划分，不仅可以反映果树分布与自然环境条件的关系，而且可以作为制定果树发展规划、建立果树生产基地、实施果树增产措施以及果树引种和育种的理论依据。但是，根据气候条件划分的果树带，只能说明现有各种果树对当前自然环境的适应范围，这种适应范围不是不可逾越的固定界限。通过培育新的品种、改进栽培技术、利用小气候条件等方法，原有果树可以突破分布区域。米丘林一生培育了300多个果树新品种，使苏联的果树栽培界限向北推移了1000多千米。

根据我国各地的自然环境条件（气温、降水、海拔、纬度、植被等）以及果树分布情况，我国可划分为八个果树带。总体来说，长江流域以北（北纬30°）为落叶果树带，长江流域以南为常绿果树带。具体划分为以下八个带：

1）热带常绿果树带；

2）亚热带常绿果树带；

3）云贵高原常绿落叶果树混交带；

4）温带落叶果树带；

5）旱温落叶果树带；

6）干寒落叶果树带；

7）耐寒落叶果树带；

8）青藏高寒落叶果树带。

（3）我国果树栽培历史

大约在公元前9500年，中东地区进入了“原始农业”阶段，人类开始从事作物栽培和动物的饲养。我国的原始农业大约始于公元前5000年，当时人们主要栽培黍、大麦、大豆、稻、桑树、高粱、小麦和大麻等作物。

果树栽培的历史要比大田作物栽培的历史短一些。在距今4700多年的古埃及，无花果是人们的重要食物，在距今4200年，那里已有了人工栽植的葡萄园。我国是8个栽培植物起源中心之一，且是最大的起源中心，果树种质资源非常丰富。在距今6000～7000年新石器时代的半坡村遗址（今山西省西安市郊）和青莲岗文化遗址（今江苏省吴江县）中，人们分别发现了残存的栗、榛和“核果类”植物的果核。这些遗迹的发掘，至少可以说明，当时的人们已经开始采集并食用了大量栗、榛以及核果类植物的果实，可见果树已引起了我们祖先的足够重视。我国已有4000年以上果树栽培利用的历史，且在果树品种选育和栽培技术的创造和革新等方面，为世界园艺事业的发展做出了重大的贡献。最早有关果树种类及果树栽培的文字记载见于《诗经》（我国最早的诗歌总集，涉及到了12种果树树种），可见当时已经有了桃、栗、梨、榛、枣、李等果树的人工栽培，如文中记载的“园中有桃，其实之肴”“树之榛栗”。《史记・列传》（公元前2世纪到1世纪）中记载，“安邑千树枣，燕、秦千树栗，蜀汉江陵千树桔，淮北、常山以南、河济之间千树梨……”，可见在当时这些果树已有大面积栽培。

宋代蔡襄《荔枝谱》（公元1059年）已记载荔枝品种32个，并对荔枝的历史、分布、生物学特性都有详细描述，是我国最早的一部果树专著。

宋代韩彦直的《橘录》（公元1178年）载有柑橘27种及对加工、储藏、品种特性做了详尽描述。它也是世界上第一部完整的柑橘栽培学。

在我国谚语中也能找到果树栽培的佐证，如逃之夭夭（桃枝夭夭）。春秋战国时期的晏子出访齐时，有“橘逾淮而变枳，地气也”。

很多古书对果树的树种、品种、栽培技术也都有了较详细的记载。《齐民要术》(533—544 年，是我国最早的一部古农书，记载了 17 种果树 146 个品种，其中枣品种 42 个，并详细地论述了果树的繁殖、栽植、管理、病虫害防治、储藏加工等技术)《本草纲目》《农政全书》等古书中，也都提到一些果树的种类和栽培方法。

随着历史的发展，水果栽培种类越来越多。早在旧石器时代晚期，水果栽培已处于萌芽状态。古人在采集桃、杏、栗、李等果实，从单纯的利用，进而发展到爱护，并经过长期观察、试种、探索，慢慢地学会了栽培技术。到了距今 3100 ~ 3600 年的殷商时代，我国水果栽培就得到了较大的发展，从零星栽培发展到规划土地种植。据古籍记载和考古发掘，在 3000 年前我国黄河流域、长江流域均有果树栽培，华南一带的柑橘、荔枝、龙眼、香蕉、枇杷等也有 2000 ~ 3000 年栽培历史。在 2000 年前秦汉时代，柑橘、栗、梨等果树栽培已具相当大的规模，并从西方引种了葡萄、石榴、核桃等，丰富了我国的果树种类。同时，古人对水果的养身和医疗作用也很重视，《黄帝内经》中就有“五谷为养，五果为助，五畜为益，五菜为充”的话，其中“五果”指桃、李、杏、栗、枣。有的书中“五果”指枣、杏等“核果”，梨、柰（绵苹果）等“肤果”，椰子、胡桃等“壳果”，松子、柏仁等“桧果”和大、小豆等“角果”，总之是指水果。人们一直用水果待客，作为馈赠佳品。《诗经》中写有“投我以桃，报之以李”的诗句。此外，许多水果花果叶的形状、色彩都有着极高的观赏价值。文人墨客吟诗作画，陶醉花荫之下，流连果丛之间，呼吸清馨之气，欣赏形色之美，从而获得无穷的乐趣。

我国果树栽培具有悠久历史，许多重要果树如桃、李、梅、杏、梨、柑橘、荔枝、龙眼、枣、栗、柿、枇杷、杨梅等都原产于我国。据统计，全世界果树种类约有 60 个科，2800 种左右，我国就有 58 科，380 种。据《中国果树史与果树资源》一书记载，我国果树起源中心有三处：一是黄河流域（包括东北地区），原产的种类主要有桃、杏、枣、榛、栗、秋子梨、白梨、山楂、花红等 42 种；二是长江流域，原产种类主要有柿、梅、李、枇杷、杨梅、银杏、温州蜜柑、香橙、沙梨等25 种；三是南部地区，原产种类主要有佛手、酸橙、甜橙、柚、香蕉、荔枝、龙眼、橄榄、杨桃、黄皮等 21 种。从世界范围来看，果树的起源中心不止一处，中国是其中之一，并肯定橙、柚、枣、杏、桃、梨、枇杷、柿、荔枝、板栗等，都起源于中国。苏联学者瓦维洛夫把世界栽培植物起源中心分为八大区和三亚区，其中第一大区就是中国，他认为有 52 种果树起源于中国。当今世界上许多国家栽培的桃、李、杏、荔枝、柑橘、龙眼、枇杷、柿、枣、栗等都从中国引入。我国唐宋时代就利用海上交通之便，将荔枝输往日本、琉球和南洋各地，使当时福建、广东荔枝栽培盛极一时。北宋蔡襄的《荔枝谱》就是在这样的基础上产生的，成为我国第一部果树栽培专著。1979 年，我国科学工作者在安徽黄山附近的歙县，发现了一种完全呈现原始状态的柑橘树。在此之前，在云南、贵州、广东、广西、湖北等地，就曾发现过甜橙、柚、香橙、金橘等的原始野生分布，说明柑橘也是我国的原产。古籍《禹贡》《山海经》等记载的我国柑橘栽培历史距今有 4000 年左右。至于我国南部原产的龙眼、荔枝、橄榄、枇杷、杨梅等的栽培史，也有 3000 年上下。秦汉时期国家得到大统一，与国外交往频繁，水果种类、品种得到空前大交流，如汉武帝时的《上林苑中》记载的栽培桃、李、梨、枣、杏等，还有从南方引栽的龙眼、杨梅、槟榔、橄榄、荔枝，从西域携回的葡萄、石榴、胡桃等名果珍树，总计达 3000 余种，其中桃就有秦桃、缃桃、金城桃、紫纹桃等 7 种，梨有紫梨、青梨、细叶梨等 10 种，李有 15 种之多。《汉书・循吏传》中就具体说到燃火加温的温室。汉代人还认识到果树结果有“大小年”，指出栽植过早、过晚都会影响生长结果。贾思勰写的《齐民要术》提到栽培和野生的水果达 60 多种，其中枣 42 种，李 31 种，梨 18 种，桃 14 种，并在水果栽培、繁殖、管理、虫害防治及果品加工方面都有详细论述。

我国到底有多少种水果（包括野生水果和栽培水果）？截至目前尚未精确统计出来。我国著名植物学家俞德浚编著的《中国果树分类学》附录中的中国原产及引种果树分科名录中，列举了 59 科 694 种，其中盛产的栽培果树 300 多种，计1 万多个品种，几乎世界各国有的，我国绝大多数都有。这与我国 960 万平方千米土地上的高山、盆地、高原、平原、丘陵、海岛以及漫长的海岸线和复杂的地形密切相关，也为不同种类水果提供了各自生存所需的条件，使我国成为世界果树资源最丰富的国家之一。

2.2 果品安全生产

由于果品具有较高的营养价值和经济效益，因此果品生产在我国农村产业结构调整过程中发挥着重要作用，许多农民因生产果品而走上致富之路。为了持续、稳定且高效地发展我国果品业，并满足人民生活水平提高后对优质安全性果品的消费需求，果品品质和果品的安全性应不断地提高，以使我们生产出的果品赶上或超过果品生产发达的国家，既能与国外进口的果品竞争国内市场，又能打入国际市场。由此，对果品生产者在栽培上提出了较高的要求，一方面是要增强优质安全果品的生产意识，认识到优质安全果品生产的重要性，另一方面要将优质安全果品栽培技术落实于果品生产全过程。

2.2.1 无公害果品生产

所谓无公害果品，是指来自无公害生产基地（果树生长的周围环境如土壤、水和大气等无污染的地区），按照无公害果品生产技术规程生产（在栽培管理中按照特定的技术操作规程生产，不施或少施化学农药和化学肥料），符合无公害果品质量要求并经检测合格后允许使用无公害农产品标志的安全、营养、优质的果品。无公害果品应不受有害物质污染、不含某些规定的有毒物质，对有些不可避免的有害物质应控制在允许的范围内，以保证消费者的食用安全，同时果品的生产过程对环境没有不良影响。

无公害果品的标准一般只规定感官和卫生两个方面的要求，但有时也规定理化方面的要求（如无公害的苹果、葡萄、梨等）。在感官要求方面，通常只纳入与食用安全性有密切关系的内容（如腐烂、霉变、伤害等），比一般产品标准更为简略，而且不包括分级方面的内容，但规定果实大小的最低要求。无公害果品要求果实充分发育，达到市场或储存要求的成熟度，果形端正，具有本品种成熟时应有的色泽和风味。无公害果品的安全指标包括元素卫生限量和农药残留限量两个方面。

高质量、高营养的无公害果品生产不仅仅是一种时尚，也是国际、国内广大消费者的共同要求，是发展绿色农业、生态环保农业的一条必由之路，更是提高果品生产者经济效益的重要举措，因此，生产无公害果品具有多方面的意义。一是满足消费需求，过去我们的食物结构是以粮食为主，人们追求的是温饱，现在经济发展了，果品在食物结构中的比重也愈来愈大，广大消费者对果品的需求不单是数量上的满足，而且讲求花色品种的调配，讲求优质、安全、卫生与营养。二是提高市场竞争力，种植果品，由于经济效益较高，其生产、开发、利用与发展成为全国各地农业结构调整中的重要组成部分。果品生产基地数量和果品产量的增加以及“洋水果”的加入，形成了果品市场激烈竞争的格局。因此，随着人们对优质、安全、卫生与营养果品的需求意识增强，如果果品不按无公害生产的要求进行种植，那么其果品在市场上竞争力就差，甚至逐步会在竞争中被淘汰。三是增加对外贸易。随着我国加入世界贸易组织，果品出口贸易将是国内果品生产与加工企业瞄准的共同目标。

根据不同果树种类对生态环境的要求，通过对影响果品质量卫生安全的关键环节的分析，针对最需要和最有用的关键控制点的监控进行人力、财力和物力的投入，并采取相应的生产技术措施，保证果品质量与安全，达到生产无公害果品的目的。

果品生产过程中种苗带病，生产基地大气、灌溉水、土壤（质量）不符合要求，栽培过程中无机肥料质量不合格或使用方法不当，有机肥无害化处理不够或使用不当造成的生物危害，病虫草害防治中农药使用不当造成的化学危害，不当的树体管理措施造成的生物伤害和物理伤害，采收、分级、包装过程中人为损伤，采收工具、包装容器不卫生的物理危害和生物危害等，都会妨碍无公害果品生产。因此，建立无公害果品生产基地，采用先进生产技术是推进无公害果品产业的有力保障。

（1）基地选建

1）基地选择：基地的大气、灌溉水、土壤质量符合国家或全国农业行业无公害果品产地环境标准，属于该种果树的生态最适宜区或适宜区。选择坡度在25°以下、土层深厚、有机质丰富、地下水位1米以下、生态条件良好、远离污染源并具有可持续生产能力的农业区域建设基地。定期对产地环境的空气质量、灌溉水质进行检测。

2）基地建设：山地丘陵按地形分区修筑梯带、防护林、道路、排灌溉设施等，防护林宜选与果树无共生性病虫害的速生树种，梯面走向应有3%的比降，尽量做到“水不下山，土不出园”。背靠山坡的果园应修拦洪沟。根据品种生长结果特性，确定种植密度，开挖定植沟或定植穴。

（2）生产过程中投入品的控制

1）品种及苗木的选择：

a. 品种：选择市场前景好并经生产实践验证后适合推广的抗性较强的品种，针对主栽品种自花授粉能力，选配适宜的恰当比例的授粉品种。

b. 苗木：品种纯正，生长发育正常并达到相关标准，无严重机械损伤，无国家规定的检疫性病虫害。提倡使用大苗或脱毒容器苗。柑橘苗木参照《柑橘嫁接苗》（GB/T 9659—2008）。苹果苗木参照《苹果苗木》（GB 9847—2003）。苹果无病毒苗木参照《苹果无病毒母本树和苗木》（NY 329—2006）。

2）果园土壤改良：果树多栽于山地、丘陵，土壤中有机质含量低、土层薄、结构不良、微生物活性差，不利于果树生长发育。可通过深翻改土予以改善。一般梨树在采果后根系第三个生长高峰前进行，柑橘类果树在9～10月或在4月进入雨季前进行。可依据劳动力情况选择扩穴或隔行深翻或全园深翻等方法，深翻出的表土与心土分别堆放，先在果树底部填入树枝、绿肥、蒿秆或杂草等，以提高底土的通透性，然后填一层表土、一层有机物和肥料，心土覆于上层。每次深翻可结合施入粗质有机肥料，深翻改土后还应及时充分灌水。根据土壤和果树特性，施入一定量的熟石灰或硫黄粉，调整土壤酸碱度。

3）果园土壤管理：幼龄果园树盘清耕或覆草，行间种植绿肥或多年生牧草，成龄果园提倡行间生草，树盘覆盖。果园绿肥或多年生牧草推荐以下种类：紫花苜蓿、毛叶苕子、紫云英、三叶草、黑麦草等。豆科和禾本科牧草混种，对改良土壤有良好的作用。可以多次刈割的牧草，在果树花期前后、草高25厘米以上时，及时刈割，割后留茬 10 厘米左右，每年刈割 4～6 次。割下的草，散撒于果园，或覆草于树盘，或用作饲料，造肥还园。一次性刈割的牧草，在牧草盛花时割倒。幼龄果园或成龄果园可用杂草或稻草及作物稿秆覆盖，厚度为 8～15 厘米，覆盖物应与根颈保持 10 厘米左右的距离。土层薄的果园，在冬季中耕松土后培入无污染或经无害化处理的塘泥、河泥、沙土或果园附近的肥沃土壤，厚度 5～10 厘米，以加深活土层。

4）肥料的使用：果树大多是生命周期长的木本植物，有其突出的需肥特点。在幼树生长期、初结果期、盛果期和衰老更新期等各时期，对营养的要求不同，因而施肥的侧重点也有所不同。幼树生长期是果树营养器官大量形成的时候，对氮、磷较敏感，要注意施用氮、磷肥；到盛果期，则要求优质丰产，提高商品价值，要注意氮、磷、钾的适当配合，并且要注意补充钙和微量元素。果树树体从小到大，施肥量也要相应增加。在一年周期内，果树既有营养生长，又有生殖生长，施肥时兼顾这两方面的关系，可以使树势生长健旺，果实优质丰产。果树能储藏营养，当年施肥，既要考虑树体上年的营养水平，又要考虑是否满足果树当年生长、结实需要及对翌年的影响。

在保证水分和糖类供应的同时，一定要考虑有机肥和无机肥的配合，氮、磷、钾肥的配合，大量营养元素、微量营养元素和稀土微量元素的配合，要根据果树年周期中的需肥规律，在其对某元素最需要的关键时期前施入。氮肥浅施，磷、钾肥最好与有机肥混合，施于根系集中分布层。有机肥需经腐熟和无害化处理，提倡使用沼气肥和叶片营养诊断配方施肥。

限制使用含氯化肥和含氯复（混）合肥，禁止使用未经无害化处理的城市垃圾或含有重金属、橡胶的垃圾。

5）水分管理：

a. 灌溉：要求灌溉水无污染。果树在枝梢萌动及开花期和果实膨大期对水分敏感。此期应保证水分充足供应。

b. 排水：及时清淤，疏通排水系统。多雨季节或果园积水时通过沟渠及时排水。果实采收前多雨的地区还可通过地膜覆盖园区土壤，挖深沟排水，降低土壤含水量，提高果实品质。

6）病虫害的防治与农药的管理：以农业防治和物理防治为基础，提倡生物防治，按照病、虫、杂草害的发生规律和经济阈值，科学使用化学防治技术，有效控制病、虫、杂草危害。

a. 农业防治：选择抗性强的品种，栽植优质无病毒苗木；通过加强肥水管理、合理控制负载等措施保持树势优壮，提高抗病力；合理修剪，保证树体通风透光，造不利于病虫草害发生和有利于各类天敌繁衍的环境条件；清除枯枝落叶，刮除树干老翘皮，翻树盘，剪除病虫枝果，减少病虫源，降低病虫基数。

b. 物理防治：根据病虫害生长繁殖规律，采取糖醋液、灯光、色彩黏着剂、防虫网、人工或机械捕捉等方法诱杀害虫。

c. 生物防治：害虫天敌，有益微生物或其代谢物，均可以用于生物防治。

d. 化学防治：果树生产环节中不得使用六六六、滴滴涕、毒杀芬、二溴氯丙烷、杀虫脒、二溴乙烷、除草醚、艾氏剂、狄氏剂、汞制剂、砷类、铅类、敌枯双、氟乙酰胺、甘氟、毒鼠强、氟乙酰钠、毒鼠硅、甲胺磷、甲基对硫磷、对硫磷、久效磷、磷胺、甲拌磷、甲基异柳磷、特丁硫磷、甲基柳环磷、治螟磷、内吸磷、克百威、涕灭威、灭线磷、丁环硫磷、蝇毒磷、地虫磷、氯唑磷、苯线磷等。

允许使用灭瘟素、春雷霉素、多抗霉素（多氧霉素）、井岗霉素、农抗120、中生菌素、蜡蚧轮枝菌、浏阳霉素、华光霉素、苏云金杆菌、蜡质芽孢杆菌等微生物源农药防治真菌、螨类和细菌病害。允许使用除虫菊素、鱼藤酮、烟碱、植物油、大蒜素、印梯素、苦探、川楝素等植物源杀虫、杀菌农药。允许使用硫悬浮剂、可湿性硫、石硫合剂、硫酸铜、王铜、氢氧化铜、波尔多液等矿物源杀螨杀菌剂农药。

任何农药产品都不得超出农药登记批准的使用范围。严格控制农药的安全间隔期、施药量和施药次数，注意不同作用机制的农药交替使用和合理混用，避免害虫、致病菌产生抗性。

（3）树体管理

1）整形修剪：

a. 整形：根据果树不同树种的生长结果习性、栽培管理制度、土壤及气候条件，在休眠期和生长季，通过修剪和撑、拉、摘心等方式，使骨干枝按计划的方位和角度形成，维持良好的树形结构。

就树形而言，总的来说仁果类果树多采用疏散分层形、纺锤形，核果类果树多采用各形式开心形，蔓性果树以棚架或篱架形为主，而常绿果树主要是各种形式的圆头形。

整形修剪必然要因时、因地、因固树种品种和树龄不同而异，以良好的肥水条件为基础，以防治病虫做保证，达到通风透光、立体结果、省力增效的目的。

b. 修剪：幼树和初结果树修剪要以培养树形骨架、迅速形成树冠为目的，要轻剪多留，千方百计开好角度，平衡树势，理顺主从，培养树形骨架，加快长树。

盛果期修剪及时回缩结果枝组、落花落果枝组和衰退枝组。剪除枯枝、病虫枝。对较拥挤的骨干枝适当疏剪开出“天窗”，将光线引入树冠内膛。

（4）花果管理

1）控花、促花：冬季修剪以短截、回缩为主；进行花前复剪，强枝当多留花，弱枝少留或不留；抹除畸形花、病虫花等。在秋季采用环割、断根、拉枝、控水或施用促花剂等措施促进幼、旺树花芽分化。

2）疏果：提倡人工疏果。第一次疏果在第一次生理落果后，只疏除小果、病虫果、畸形果、密弱果；第二次疏果在第二次生理落果结束后，根据叶果比进行疏果。

3）果实套袋：提倡果实套袋。套袋可有效地保护果实免遭病虫危害、空气和药剂污染及枝叶磨伤，使果皮光洁、细嫩，色泽鲜艳，减少锈斑，且果点小而少。套袋适期为生理落果后。套袋前应根据当地病虫害发生情况对果园全面喷药 1 ~2 次。喷药后及时选择生长正常、健壮的果实进行套袋，同时疏除小果、病虫果、畸形果、密弱果。纸袋应选用抗风吹雨淋、透气性好的果实专用纸袋。果实采收前 15 天左右摘袋。

（5）果实采收及商品化处理

1）果实采收：鲜销果实在基本成熟时采收，不耐储运的早熟品种或有后熟过程的品种，适当早采，晚熟品种尽可能晚采，核果类果实在达到品种固有品质时采收。采果时要轻拿轻放，减少人为操作和机械损伤。

2）商品化处理：果实商品化处理技术包括预冷、洗果、防腐、防病处理、打蜡、分级、包装。

2.2.2 有机果品生产

近年来，在国际有机农业运动的推动下，有机果品产业从无到有逐步发展起来，正在形成一个新兴的环保产业，并在迅速发展。有机果品产业的发展，对于促进生态破坏区的治理和恢复，保护农村生态环境，促进农村社会和经济可持续发展已经起到了独特的作用。

（1）有机果品业和有机果品

根据美国农业部定义，有机农业是一种完全或基本不用人工合成的化肥、农药、生长调节剂和牲畜饲料添加剂的生产制度，在可行范围内尽量依靠作物轮作、秸秆、牲畜粪肥、豆科作物、绿肥、场外有机废料、含有矿物养分的矿石等维持养分平衡，利用生物、物理措施防治病虫害，是一种改善和增强农业生态系统健康（包括生物多样性、生物循环和土壤生物活动）的整体性生产管理系统，可解决农业生产过程由于农用化学品不合理使用引起的食品污染、产品品质下降等问题，并能降低农业生产对生态环境的影响。

有机果品是来源于生态良好的有机农业生产体系的果品，是营养丰富、高品质、环保、健康的生态型食品。有机果品通常需要符合 4 个条件：①必须来自有机果品生产体系（又称有机果品生产基地），或者是采用有机方式采集的野生天然果品。②整个生产过程中必须严格遵循有机果品的加工、包装、储藏、运输等要求。③生产者在有机果品的生产和流通过程中，有完善的跟踪审查体系和完整的生产、销售的档案记录。④必须通过独立的有机食品认证机构的认证审查。

（2）有机果品生产

1）有机果品生产基本要求：①生产基地在最近 3 年内未使用过农药、化肥等。②果苗为非转基因。③生产单位需制定长期的土地培肥、植物保护计划。④生产基地无水土流失及其他环境问题。⑤果品在收获、清洗、储存和运输过程中未受化学物质的污染。⑥从种植其他作物转为有机果树种植需要两年以上的转换期（新开垦荒地例外）。⑦有机生产的过程必须有完整的档案记录，其中，果树有机生产最基本的要求是在施肥、防病防虫、控制杂草等管理中禁止使用人工合成的化肥、杀虫剂和除草剂等现代农业投入品。

2）土壤和品种选择：有机栽培技术中土壤管理的基本原理是，充分发挥土地的活力，提高土地自身的机能，以改善土壤的物理性状，利于根的旺盛生长，防止病虫害侵入。土壤管理的基本技术是，在不破坏土壤结构的前提下，疏松改良土壤，增加土壤有机质含量，创造正常的物质循环系统和生物生态系统，保证果树健康生长发育，提高产量与品质。

选择适宜果树生长的地点是果树有机生产成功与否的重要基础。在种植之前必须明确该地是否符合有机生产的环境要求、是否最适宜该品种果树生长。此外，还要调查所选园地是否存在难以根除的杂草。

选择抗性品种是有机栽培者对付逆境胁迫、病虫害为害的重要措施之一。如桃细菌性斑腐病，最佳控制方法是选用抗性品种。目前还没有发现直接以果实为食的节肢动物害虫的遗传抗性资源，但是间接为害果实的害虫的抗性资源有很多，如抗蚜虫的树莓、抗葡萄根瘤病的砧木、抗螨虫的草莓品种、抗线虫的桃砧木等。

3）地面管理：果园地表或行间管理有清耕、种植覆盖作物或用有机废料覆盖等方法，以增加生物的多样性、减少蒸发、保护天敌、培肥土壤、防治病虫和杂草等。日本的许多果园普遍种植红三叶、紫楹、苜蓿，此外还有白三叶、草木樨、禾本科绿草等。当草生长到 30 厘米左右时留 10 厘米刈割。割草时，先保留周边 1 米不割，给昆虫（天敌）保留一定的生活空间，等内部草长出后，再将周边杂草割除，割下的草直接覆盖在树盘周围的地面上。这样，可以减少对土壤结构和微生物环境的破坏，减少水土流失，降低物资投入。美国有机果树种植中采用机织的农用纺织品覆盖，其透气、透水，能抑制杂草生长，正在替代非可透塑料覆盖，并用于多年生果树栽培中。

4）肥料管理：为提高有机栽培的果树产量与品质，需要增施有机肥，尤其是发酵肥料和腐熟的农家肥。常用的有机肥料如堆肥、厩肥、棉籽粉、羽毛、血粉等含有大量的不溶成分，肥效迟，为确保其充分降解，使果树适时获得营养，一般应在早春提前施用。当果树营养不足时，应用可溶性的有机肥料如鱼乳状液、可溶性的鱼粉或水溶性的血粉等进行叶面喷施。

日本琉球大学的比嘉照夫教授经过多年的研究，从土壤中发现并分离了大量的有益微生物，开发研制出了系列 EM（effective microorganisms，EM）产品，在日本及世界许多国家推广应用。EM 实际上是一群来源于自然的微生物，包括乳酸菌、酵母菌、光合细菌、放线菌等 10 属 80 种以上的微生物。在日本，常采用 EM 发酵有机肥料，也利用 EM 发酵农家肥和秸秆及所有的生活垃圾等。

5）杂草管理：在果树有机栽培中，控制杂草是田间管理的重要工作之一。主要有以下措施。

a. 耕作：耕作主要用来控制行间杂草，同时也将覆盖作物翻耕到土壤中，耕作深度不宜过深，否则易损伤根系并且还会将土壤深层的杂草种子带到地表使之易萌发。

b. 应用有机除草剂：如美国 Ringer 公司生产的除草剂 Superfast，是一种基于脂肪酸的钾盐，为一种非运转、接触型除草剂，对刚萌发的 1 年生杂草最有效，但对多年生或者已经长大的 1 年生杂草，需喷多次才有效。

c. 养禽除草：草食鹅已用于草莓、越橘和树莓等果树的杂草控制，如在美国俄克拉荷马州，有机栽培者用鹅成功控制了商业化规模草莓和越橘种植园的杂草。一般，鹅对消除刚萌发的小草最为有效，它们最喜爱食用狗牙根和石茅这两种果园里特别难除的杂草。

6）病虫害控制：减少农药，尤其是剧毒农药的使用，是生产有机果品的关键，有机栽培是通过有机的、生物的、物理的手段来控制病虫害的发生与蔓延。

a. 最大限度减少病源：病虫枝条、病果、病叶等集中深埋或烧毁，冬季刮除老翘皮，萌芽前用高压喷水枪对树干、大小枝条进行冲洗、消毒，以减少初侵染源。

b. 利用性引诱剂治虫：利用性引诱剂扰乱昆虫的交配信息，减少繁衍。日本许多果园的树上都挂着一段段长 20～30 厘米的红绳子，这是一种昆虫信息素引诱剂。利用复合性激素，扰乱昆虫之间的交尾信息，减少 2 代昆虫的虫口密度。这种性信息素的效果可持续 4 个月以上。目前，在陕西很多苹果园悬挂迷向丝，原理也是扰乱昆虫之间的交尾信息，减少下一代昆虫的虫口密度，从而达到防治虫害的目的。

c. 利用天敌：由于有机栽培中农药使用量大大减少，再加上地面生草栽培，给许多益虫提供了良好的栖息环境，从而有效抑制了害虫的发生。

d. 防虫网和黏着剂：日本的一些葡萄园、苹果园，全部被纱网罩住。防虫网的设置，可阻止外来害虫进入，同时也不影响通风透光。对于蚜虫、白粉虱，常采用防虫网或黏着剂防治。将含有黏着剂、农药的黄带子悬挂在温室或果园内，蚜虫接触后便会被黏着并很快死亡。

e. 有机和生物杀虫剂防治：

生物杀虫剂：用于果树害虫管理的生物杀虫剂有苏云杆菌。美国开发的 Bt 产品有 Attack、Dipel、Thuricide 和 Javelin 等，我国也有众多 Bt 产品。Bt 杀虫剂已成功控制卷叶蛾、葡萄烟翅蛾、天幕毛虫等很多取食果树叶片的鳞翅类（蛾和蝶）幼虫。但 Bt 对取食茎、根颈、树干和果实等已度过幼虫阶段的鳞翅目害虫效果不理想（如树莓根颈蛀心虫、桃树钻蛀虫、苹果蠹蛾、葡萄蛀根虫）。另外，还有用于防治甲虫幼虫的 Bacillus popilllae（Bp）细菌制剂。

植物源杀虫剂：植物源杀虫剂一般通过从植物中提取有杀虫剂特性的化合物配制而成。但很多植物源杀虫剂为广谱的有毒物质，对害虫和有益生物一样有毒，所以不一定是合理的选择。常用于有机栽培的植物源杀虫剂有除虫菊、鱼藤酮、鱼尾汀和楝树油等。

皂液：特殊配制的含有高脂肪酸的皂液可以作为杀虫剂。杀虫剂型的皂液能有效防治软体昆虫如蚜虫、粉虱、叶蝉和红蜘蛛等。防虫机制是皂液渗入昆虫的体内后，扰乱细胞膜的正常功能，引起细胞内含物渗漏。但肥皂只能在液态并且是触杀才有效。

休眠油：在果树萌芽前喷一层薄的休眠油，可通过闷死越冬的成虫和卵而抑制卷叶虫、蚜虫、螨类和介壳虫的发生。

昆虫信息素：一般每种昆虫都有特定的信息素，利用信息素扰乱某些昆虫的交配已用于防治葡萄蛾、苹果蠹蛾、桃蛀心虫和东方果树蛾等害虫。

高岭土：高岭土为制作牙膏和果胶的原料，对环境安全。美国已开发出一种商品名为 Surround 高岭土产品，以液态喷施，水分蒸发后在植株表面形成粉状的保护膜，当昆虫落在植物上时，这些很小的黏土颗粒将昆虫粘住，从而达到驱虫目的。Surround 高岭土对象鼻虫这种有机栽培中很难控制的害虫也较为有效。

2.3 仙果传奇

2.3.1 智慧之果——苹果

“一日一苹果，医生远离我。”苹果性味甘凉，具有补脾气、养胃阴、生津解渴、润肺悦心的功效，被称为心血管的健康保护神。多食用苹果可以改善呼吸系统及肺的功能。工作紧张之余闻闻苹果的清香，还能提神醒脑、缓解紧张的情绪。

（1）苹果记

苹果，为蔷薇科植物苹果的果实。别名柰、柰子、平安果、智慧果、记忆果、林檎、来檎、联珠果、频婆、严波、超凡子、天然子、苹婆。苹果树是落叶乔木，叶子椭圆形，花白色带有红晕。果实圆形，味甜或略酸，是常见水果，具有丰富营养成分，可用作食疗、辅助治疗。苹果原产于欧洲、中亚、西亚和土耳其一带，于 19 世纪传入中国。中国是世界最大的苹果生产国，东北、华北、华东、西北地区和四川、云南等省份均有苹果栽培。

苹果原产欧洲中部、东南部，中亚细亚乃至中国新疆。在公元前 300 年的欧洲，M. P. Cato 已记载了苹果的品种。随后，罗马人开始栽培，并有嫁接繁殖。发现美洲新大陆后，欧洲移民把苹果传入美洲，在美洲又培育了不少新品种。日本在明治维新时代，从欧美引入苹果，苹果传入亚洲。此后，大洋洲、非洲也都相继引入苹果。近百年来，世界五大洲先后有了苹果栽培。最早期的欧洲人已食用苹果，并对其进行了改良和选育，一些品种早见于 2000 多年前，在向美洲殖民前，欧洲已知品种达数百个。随着北美的移民浪潮，实生苗苹果品种也到处传播，变成当地传奇人物的巡回使者，在苹果的传播中起了主要作用，其中最突出的是约翰·查普曼，他绰号“苹果佬”，在俄亥俄州及印第安纳州广泛种植苹果。

晋代中国种植苹果的技术已达到了相当高的水平。宋人李调元的《南海百咏抄》，已有咏苹婆果诗云："虞翻宅里起秋风，翠叶玲珑剪未工，错认如花枝上艳，不知荚子缀猩红。"迄至明代，不但有"夏熟"的"素萘、朱柰、绿柰"，而且"凉州有冬柰，冬熟，子带碧色"（李时珍《本草纲目》）。然而，中国古代栽培的柰，虽"光洁可玩，香闻数步"，但"味甘松，未熟者食如棉絮，过熟又沙烂不堪食"（《群芳谱》）。19 世纪中叶欧洲苹果入籍中国后，就逐渐代替中国的绵苹果。欧洲苹果先在山东烟台落户，19 世纪末到 20 世纪初，山东青岛和辽宁南部，又相继引种，并开始进行经济栽培。中国除原有苹果属树种外，作为经济栽培的苹果品种绝大部分都是从欧美以及日本、苏联等国引入的，称为西洋苹果。

（2）苹果传说

1）"禁果"传说：苹果在西方象征着爱，在圣经上有亚当和夏娃吃的"禁果"，实际上就是青苹果，在不该吃的时候吃了它，受到上帝的惩罚。没有成熟的苹果的味道，又酸又涩，就是说苹果象征着爱，性和爱常常连在一起，就是没有成熟的时候，你不要去触碰。在亚当吃苹果的时候，不小心苹果核卡在喉咙那里，于是形成了现在男性的喉结。

耶和华创造世界的第七天开始觉得一个人很无聊，于是照着自己的样子捏出一个男人，取名亚当，又觉得亚当一个人太寂寞了，抽出他的一根肋骨创造了女人夏娃。这是个众所周知的传说。有了这一对情侣以后，耶和华安排他们在伊甸园里生活。伊甸园是耶和华最爱的花园，事实上亚当和夏娃已经被他安排成为看守庄园的仆人，而他自己便成了庄园主。圣经上说这就是奴隶社会最初产生的形态。传说伊甸园里树木常青，花草常绿，有各种各样奇异的果子和飞禽走兽。在那里生活，亚当和夏娃可以和动物交谈，但他们都听命于耶和华。因为耶和华给了他们生命，给了他们生存的环境。

进入伊甸园的第一天，耶和华就警告亚当和夏娃园内所有的果实都可以吃，只有智慧树的果实不可以吃。亚当和夏娃那个时候是绝对听命于他的。但是没过多久，就有一条阴险的毒蛇花言巧语引诱独自玩要的夏娃偷吃了智慧树的果子，天真的夏娃又把吃剩下的果子给了亚当。

于是，亚当和夏娃就有了智慧，人类开始有了善与恶。"禁果"被形容男人和女人之间最私密的事情。“禁果”是指智慧树的果子，即能够让人区分善恶的果子，也就是说苹果也是智慧树的果子。

2）金苹果传说：传说希腊阿耳戈英雄珀琉斯和爱琴海海神涅柔斯的女儿西蒂斯举行婚礼，大摆筵席。他们邀请了奥林匹斯山的诸神参加喜筵，不知是有意还是无心，唯独没有邀请掌管争执的女神厄里斯。这位女神恼羞成怒，决定在这次喜筵上制造不和。于是她不请自来，并悄悄地在筵席上放了一个金苹果，上面镌刻着“属于最美者”。天后赫拉、智慧女神雅典娜、爱与美之神阿佛洛狄忒都自以为最美，应得金苹果获“最美者”称号。她们争执不下闹到众神之王宙斯那里，但宙斯有难言之隐不愿偏袒任何一方，就要她们去找特洛伊的王子帕里斯评判。三位女神为获得金苹果，各自私许帕里斯以某种好处：赫拉许给他以统治广袤国土和掌握富饶财宝的能力；雅典娜许他以文武全才和胜利的荣誉；阿佛罗狄忒许他成为世上最美艳女子的丈夫。年青的帕里斯在财富、荣誉与美女之间选择了美女，把金苹果判给爱与美之神阿佛洛狄忒。为此，赫拉和雅典娜怀恨帕里斯，连带也憎恨整个特洛伊人。后来阿佛罗狄忒为履行诺言帮帕里斯拐走了斯巴达国王墨涅拉俄斯的王后——绝世美女海伦，从而引起了历时十年的特洛伊战争。

3）大苹果的传说：纽约州虽产苹果，但产量很少，远不及加利福尼亚州苹果世界闻名。有一年加利福尼亚州苹果歉收，外销告急，于是纽约的苹果小兵立大功，解救了加利福尼亚州外销苹果的窘境。纽约人引以为傲，从此称纽约为大苹果（Big Apple）。

传言美国经济大衰退时，许多银行家失业潦倒，必须从其市郊住宅载着一袋袋苹果到纽约大街上卖，包括一些明门望祖都被迫以此维持生计。因为纽约州常见到苹果树，对纽约经济扮演相当重要角色，进而市政府大力推行“大苹果”这个名词代表纽约。

1920—1930 年，爵士乐大行其道，有个爵士乐手大唱“成功树上苹果何其多，但如果你挑中纽约市，你就挑到了最大的苹果！”之后有人又证实纽约市区内有一极受欢迎的爵士俱乐部就叫 the Big Apple，所以称纽约为大苹果。

在 50 多年前，美国一群爵士乐师们经常到各地去巡回演出赚钱。乐师们把所有要去的城镇，都描述成树上的苹果。他们去演出赚钱，就像去摘苹果。纽约在当时是所有城镇中演出赚钱最多的城市。各城镇都叫 Apple，自然纽约便是 the Big Apple 了。

4）上帝的苹果：斯坦利·库尼茨是个对沙漠探险情有独钟的瑞典医生，年轻的时候，他曾试图穿越非洲撒哈拉沙漠。进入腹地的当天晚上，一场铺天盖地的风暴使他变得一无所有，向导不见了，满载着水和食物的驼群消失得无影无踪，连那瓶已经开启的准备为自己庆祝 36 岁生日的香槟也洒得一干二净。死亡的恐惧从四面八方涌来，斯坦利的手神经质地伸进自己的口袋，"苹果！"斯坦利从绝望中清醒过来，"我还有一个苹果！"几天后，奄奄一息的斯坦利被当地土著人救起。令他们大惑不解的是，昏迷不醒的斯坦利手中攥着一个虽然完整但已干瘪得不像样子的苹果，它被攥得如此紧，以至于谁也无法从他手中取出。

20 世纪初，这个一生中不乏传奇色彩的老人去世了。弥留之际，他为自己拟写了这样一句墓志铭："我还有一个苹果。"不知道别人是如何看待这个苹果的，毋庸置疑，它可以被看成是信念的化身，但我更一厢情愿地倾向于这种理解：上帝在把你置于绝境的同时，一定会塞给你一个救命的苹果，它就藏在你身上某一个口袋里。因此，人没有必要抱怨自己一无所长，你应该把叹息的时间用在寻找这个苹果上。只要你能找到它，你就一定能轻松地走出生活的沙漠。

5）被上帝咬过的苹果：有一个盲人，不时为自己的缺陷烦恼沮丧，认定这是老天在惩罚他。自己这一辈子算是完了。后来一位老师开导他说："世界上每个人都是被上帝咬过一口的苹果，都是有缺陷的人。有的人缺陷比较大，是因为上帝特别喜爱他的芳香。"他很受鼓舞，从此把失明看作是上帝的特殊钟爱，开始振作起来，向命运挑战。若干年以后他成了一个著名的盲人推拿师，为许多人解除了病痛。

把人生缺陷看成"被上帝咬过一口的苹果"这个思路太奇特了，尽管这有点自我安慰的阿 Q 精神。可是，人生不如意的事十有八九，这个世界上谁不需要找点理由自我安慰呢？而且，这个理由又是这样的善解人意，幽默可爱。

世界文化史上有著名的三大怪杰，文学家弥耳顿是瞎子，大音乐家贝多芬是聋子，天才的小提琴演奏家帕格尼尼是哑巴。如果用"上帝咬的苹果"的理论来推理，他们也都是由于上帝的特别喜爱，狠狠地咬了一大口的缘故。就说帕格尼尼吧，4 岁时出麻疹，险些丧命；7 岁时患肺炎，又几近夭折；46 岁时牙齿全部脱落；47 岁时视力急剧下降，几乎失明；50 岁时又成了哑巴。上帝这一口咬得太重了，可是也造就了一个天才的小提琴家。帕格尼尼 3 岁学琴即显天分；8 岁时已小有名气；12 岁是举办首次音乐会，即大获成功。之后他的琴声几乎遍及世界，拥有无数的崇拜者，他在与病痛的搏斗中，用独特的指法、弓法和充满魔力的旋律征服了整个世界。著名的音乐评论家勃拉兹称他是“操琴弓的魔术师”，歌德评价他“在琴弦上展现了火一样灵魂”。

有人说，上帝像精明的生意人，给你一分天才，就搭配几倍于天才的苦难。这话真不假。上帝吝啬得很，决不肯把所有的好处都给一个人，给了你美貌，就不肯给你智慧；给了你金钱，就不肯给你健康；给了你天才，就一定要搭配苦难。

当你遇到这些不如意的时候，不必怨天尤人，更不能自暴自弃，顶好的办法，就是像那个老师说的那样去自励：我们都是被上帝咬过的苹果，只不过上帝特别喜欢我，所以咬我的这一口更大罢了。

6）圣诞节平安果：所谓的平安果其实就是苹果。由于汉语中“苹”字与“平”字谐音，不知从什么时候起，充满创意的年轻人开始把苹果称作平安果，而平安夜吃平安果，为来年许愿的庆祝方式也在年轻人中流行起来。圣诞节这个西方节日来到中国后已在很大程度上被中国化了。喜欢张扬个性和交流娱乐的年轻人不再深究圣诞节的宗教背景和传统意义，而是借助节日的喜庆气氛，用他们独特的庆祝方式表达对未来的祝愿。在这一天苹果从传统的食物摇身一变成了礼品和祝福的象征，平安果在这一天也穿上了华丽的玻璃纸和包装盒的外衣渲染节日的气氛。

2.3.2 百果之宗——梨

梨是“百果之宗”，因其鲜嫩多汁，酸甜适口，所以又有“天然矿泉水”之美称。它具有清热解毒、生津润燥、清心降火的作用。对肺、支气管及上呼吸道有相当好的滋润功效，还可帮助消化、促进食欲，并有良好的解热利尿作用。

（1）梨记

梨为蔷薇科植物，多分布在华北、东北、西北及长江流域各省。8～9月间果实成熟时采收，鲜用或切片晒干。主要品种有秋子梨、白梨、沙梨、洋梨、酥梨五种。秋子梨分布在华北及东北各省，果实圆形或扁圆形。优良品种有北京的京白梨、辽宁的南果梨等。白梨主要分布于华北地区，果实为倒卵形。优良品种有河北的鸭梨、雪花梨、秋白梨、蜜梨，山西的油梨，山东莱阳的慈梨。沙梨分布在长江流域和淮河流域，果实近圆形，果皮绿色或褐色，著名品种有安徽的砀山梨等。洋梨在山东烟台与辽宁大连栽培较多，果实瓢形或圆形，熟后果肉脆嫩多汁，石细胞少，香味浓。

中国是梨属植物中心发源地之一，亚洲梨属的梨大都源于亚洲东部，日本和朝鲜也是亚洲梨的原始产地。国内栽培的白梨、沙梨、秋子梨都原产中国。根据《诗经》《齐民要术》等古籍记载，中国梨树栽培的历史在4000年以上。在梨树长期栽培中，选育了很多优良的品种，在《史记》《广志》《秦记》《西京杂记》《洛阳花木记》及《花镜》等古籍中，记载梨的许多品种，如蜜梨、红梨、白梨、鹅梨、哀家梨等品种名，至今沿用。梨树是中国南北各地栽培最为普遍的一种果树，仅次于苹果和柑橘，在国内名列第三位。

梨蛋白质、脂肪、糖类、粗纤维含量丰富，并含有钙、磷、铁等矿物质，以及多种维生素等，具有降低血压、养阴清热的功效。患高血压、心脏病、肝炎、肝硬化的病人，经常吃些梨大有益处，能促进食欲、帮助消化，并有利尿、通便和解热作用，可用于高热时补充水分和营养。煮熟的梨有助于肾脏排泄尿酸和预防痛风、风湿病和关节炎。梨具有润燥消风、醒酒解毒等功效。在秋季气候干燥时，人们常感到皮肤瘙痒、口鼻干燥，有时干咳少痰，每天吃一两个梨可缓解秋燥，有益健康。梨树全身是宝，梨皮、梨叶、梨花、梨根均可入药，有润肺、消痰、清热、解毒等功效。

（2）梨的传说

1）梨治痨病的传说：从前有位老者，他的孩子得了痨病。医生判断，孩子的肺快烂完了，所以不肯再治。孩子没有办法，只好等死。

这位老者非常吝啬，平日不但在钱财方面抠得很紧，而且还差使孩子们为他工作。如今，虽说这个孩子病得要死了，还是不让他歇息。他吩咐孩子说：“有病也不能吃闲饭，你去看梨园吧！”

这年秋天，来了一场暴风雨，梨园里没熟的梨掉了满地。卖吧，没人要；丢了吧，太可惜。老者就把梨煮熟当饭。他算计，这样可省些大米，把梨的损失补回来。他那患痨病的孩子一连好多天也只得顿顿吃梨。过了些日子，孩子碰见了医生。医生一看孩子的气色，大吃一惊，说：“来，让我看看你的脉。”医生切过脉，叫道：“哎呀，你的病怎么减轻啦？这些日子吃的什么药？”“没吃药啊，就是天天拿梨当饭。”“吃梨？”医生问明情况，想了想说：“也许这梨能治病。我看你就再吃些梨吧？”第二天，医生从老头家买了许多梨，又把害痨病的人都找来，让他们回去煮梨吃。这样过了一个多月，病人都有好转。医生怕鲜梨不好保存，就把它制成“梨膏”当药，让病人继续吃。半年过后，原来推手不治的病人全好了。从此，人们知道了梨对治疗痨病很有帮助。

2）莱阳梨的传说：传说古时候有个姓董的书生，在进京赶考的路上突然病了。走到莱阳境地，但觉浑身无力，不思饮食，一天到晚咳嗽不止，行动则虚汗淋漓，头重脚轻。虽有书童细心照顾，看来也难以走到京城长安了，主仆二人只好在山前小店下榻。请医服药，可是病情总不见好转。

这一天，清晨起来，书童去倒痰盂，忽觉一股腥膻之味钻进他的鼻孔。低头一看，原来痰盂中有一些暗红色的血丝。他吓了一跳，悄悄将痰倒了，走到店主人跟前说：“掌柜的，我家少爷的病一天重似一天，你看如何是好？附近可还有名医吗？”店主人思索了一会儿说：“听说五龙村有个姓王的太医，最近回家省亲，不妨求他看看。”

书童听了非常高兴，先与主人说了，然后赁了一乘小轿，告辞店主人，便与公子一起向五龙村奔去。走了半天，来到五龙村。这五龙村，坐落在五龙河畔，依山傍水，山清水秀，主仆二人下轿进村，来到村中一打听，果然有一位在家省亲的太医。书童先封了十两纹银，送到太医家中，请求给少爷看病。太医叫管家传出话来说：“十两纹银求医，岂不有失身份，要想亲手试脉，最少也得纹银二十两。”书童付了银两，扶着少爷，进入太医书房。只见那太医留着两撇八字小胡，双目如鼠，鹰鼻如钩，他先让书生伸出右手，再伸出左手，依次把脉切完，又看了书生舌头，然后沉默不语。书生问道："请问老先生，可有良药驱病?"那太医头不抬眼不睁地说："你已病入膏肓，应断绝功名之念，速速回家，一月不归，必死他乡。"书生和书童听了，一齐双膝跪地，求太医救命。太医站起来，摇了摇头，指着桌上那二十两纹银对书生说："请把银子拿走，如有郎中能治好公子的病，我宁愿再奉送纹银二十两给他。"

书生哪里肯拿那二十两银子，想到自己将是就木之人，不仅潸然泪下，只觉眼前一片漆黑。书童搀扶着他离开太医的家，寻那轿夫都已无影无踪。书生说："罢了！慢慢往回走吧!"

主仆二人行至五龙河畔，一股浓郁的芳香，沁人肺腑，顿觉心头清爽，他深深地吸了一口气，抬头一看，只见一片茂密的梨园，棵棵梨树硕果满枝，在夕阳的照射下，金光灿灿。书生忽觉口干舌燥，想吃个梨子，看了看四周，没有一个人影，向谁讨个梨呢。他们走到一棵老梨树下，只见那老梨树干粗可合抱，枝干盘曲如苍龙行空，枝叶繁茂，果满枝头。

书生看了这老梨树高寿而不枯，苍劲挺拔，不禁油然而生敬意。他朝这棵老梨树深深作了一揖，自言自语说道："老梨树呀，老梨树！你虽为草木，寿命却如此之高。人虽为万物之灵，却无长寿秘诀，可怜我青春少年，就要与世长辞，悲夫，哀哉!"这时忽听"嗯"一声，书生抬头一看，只见从树后走出一位长者，鹤发童颜，双眸黑亮，炯炯有神，手中托着一个金黄黄的大梨，对书生说："我劝公子莫悲伤，你每日饭后食此梨一枚，一月后病必痊愈。"说罢，将手中的梨给了书生。书生正想吃个梨解渴，从长者手中接过梨来，拱手道谢后，张嘴咬了一口，谁知那梨到了口里并未细嚼，如酥如饴，化为蜜汁，只觉口中生津，五脏滋润，六腑清爽。书生高兴地说："妙哉此梨，莫非神乎?"长者一边捋齐胸的银须，一边笑道："我看公子福相，前程无量，必是翰苑之才。大比之年，秋试不可错过也。我送你莱阳名梨一筐，你可边走边吃，既可驱汝之疾，又可增汝阳寿。"书生十分感激，与书童一起跪下给长者叩头表谢。礼罢起身，长者飘然而去，只有一筐大梨放在树下。

依了长者的话，主仆二人晓行夜宿向京城奔赴。一路上，书生每顿饭后食梨一枚，病情果然一天比一天见好，行至长安，病体康复。这时筐内尚剩下四枚好梨，书生也舍不得吃了，嘱咐书童妥善保管好。

秋试日期到了，书生想起老人的话，信心十足地进了考场，结果中了头名状元。天子爱才，见董生英俊不凡，又将公主下嫁书生。洞房花烛之夜，董生命书童将剩下的四枚莱阳梨拿来与公主共同品尝。虽然公主在宫中什么稀珍佳果都尝到了，但她觉得莱阳梨的滋味却没有一种果子能比得上，因此只吃了两枚，把剩下的两枚，献给皇上和皇后了。皇上皇后吃了之后，赞不绝口。皇帝说："梨乃万果之宗，此梨堪为梨中之优，美哉此梨！"皇后说："真乃天生甘露，不可多得！"自此，莱阳梨便列为皇家贡品，名扬天下了。

董生衣锦还乡之时，特地到五龙河畔寻找那位长者，哪知找遍了周围所有的梨园，也没有找到。当地人告诉他说，他见到的那长者是"梨仙老人"。这位新科状元听了，似有所悟，命人在那棵老梨树下焚了三炷香，三拜九叩而去。

传说董大人回京城时，还召见了那位太医。王太医认出董大人是当年的那位找他看病的书生之后，吓得面如死灰，六神出窍。董大人对他说："你身为御医，医术理应高人一筹，谁知你却是个白吃皇粮的庸医！"当即向皇帝奏了一本，革了王太医的职。王太医回乡之后，潜心于莱阳梨入药的研究，其后代几世均为当地名医。

3）库尔勒香梨的传说：库尔勒香梨甜香沁人心脾，梨肉细嫩无渣，令人吃了还想再吃。它原产中国内地，据历史学家考证，是当年汉朝张骞通西域时，由内地带到新疆种植的。《大唐西域记》中也有记载，当唐玄奘在公元 7 世纪到西域取经时，便在库尔勒和库车一带见到许多梨树。相传猪八戒所吃的人参果，便是这种香梨。

在新疆传说中，它是由一位叫艾丽曼的美丽姑娘，在翻越了 99 座大山，去过 99 个地方，骑死 99 头毛驴，引来 99 种梨树之后才接种成功的，真是得来不易。

很久以前，古焉耆国国王在铁门关建了一座美丽的行宫，并培植了一座果园，内有"酸梨"树。一天，国王的女儿左赫拉做了一个梦，她梦见沙漠里生长着一种"瀚海梨"，非常香甜。梦醒后，她非常想得到这种梨树。国王张榜天下："如果谁能找来公主左赫拉想要的梨树，我就赏给他 500 个金币！"一个大臣的儿子塔依尔早就迷上了貌美绝伦的左赫拉公主，心想这可是个好机会。为了找到梨树，塔依尔冒险闯入了大沙漠。在沙漠中，塔依尔跋涉了很久，快要走不动时，一股香气扑鼻而来。就这样，塔依尔找到了公主左赫拉梦见的“瀚海梨”。

国王说：“塔依尔，你很能干。现在你去领500个金币吧！”

“尊敬的国王，”塔依尔却说，“我不要金币，让我管理您的果园吧！我要亲手把这些小梨树栽活，让它结出甜美的果实。”

公主左赫拉很关心这些小梨树，她经常到果园里帮助塔依尔给小梨树浇水、锄草、捉虫子。随着小梨树的一天天长大，左赫拉和塔依尔的感情日益加深。最后，随着梨子的成熟，他们俩的爱情也成熟了。

可是，不幸的事情还是发生了。原来，“瀚海梨”生长在瀚海（塔克拉玛干沙漠）中一个游牧部落的领地内，此部落的酋长知道这件事后，非常恼怒。于是，酋长派人埋伏在铁门关的峡谷里，杀死了将要回家准备婚事的塔依尔，将尸首扔进了河里。

公主左赫拉知道后，痛不欲生，决心以身殉情，毅然从铁门关的河崖上跳了下去，不久，河里腾空飞出一对孔雀，在天空中盘了一圈后向东南方飞走了。

左赫拉死后，国王就把她和塔依尔的遗物埋在铁门关的山崖上，并将左赫拉殉情的那条河称为孔雀河。焉耆国王南下杀死了那个酋长及部落里的所有人。随着此部落的灭亡，瀚海梨也在原产地消亡了。

古时还有传说，吃梨的时候最好不要和其他人同时分一整个梨，因为梨正是左赫拉公主和塔依尔爱情的象征，“分梨”，分梨，“分离”，分离……

2.3.3 长寿之果——桃

自古以来，桃始终被作为福寿吉祥的象征。在古典名著《西游记》里有关于食用蟠桃能够长寿的精彩描写。人们认为桃子是仙家的果实，吃了可以长寿，故桃又有仙桃、寿果的美称。

（1）桃记

桃树属蔷薇科果树，生长遍及南北半球温带。树形小到中等，很少高过6.5米，栽培的植株经修剪后通常高3～4米。叶亮绿色，披针形，叶尖细长；叶基部通常有腺体，用以分泌液体吸引蚂蚁等昆虫。花单生于叶腋，或2～3朵簇生在一个季节生长的枝条上的节上；基部呈短管状，5个花瓣，常为粉红色，偶有白色。果外部肉质、多汁，就是我们通常吃到的部分，它是由子房发育而成的；里面的硬质部分称为核。子房原有2枚核珠，通常仅一枚受精并发育成种子，位于核内。因此，桃子都是一半稍大于另一半，两半连合之处稍显一纵向浅沟，这是核果的特征。果肉有白色、黄色或红色。有的品种果核与果肉容易分离，叫离核型，有的则紧密相连称黏核型。多数品种的桃成熟后，表面有柔毛。果皮光滑的品种称为油桃。桃中含水分约87%，热量少于苹果和梨。果肉黄色的品种富含维生素A。

桃可能起源于中国。早期栽种的是实生苗，因此变异多，质量不佳。19世纪末开始将优良品种的芽接到耐寒品系的实生砧木上，促进了大规模商品果园的发展。桃树不能耐受严寒，温度可能降至－15～－10℃的地方生长不好。多数品种要求一定的冬寒以促使其在每年的休眠期后突然生长发育。桃在各种类型土壤都生长良好，但在排水良好的沙质或砾质壤土中生长最好。

在果品资源中，桃以其果形美观、肉质甜美被称为“天下第一果”。人们常说鲜桃养人，主要是因桃子性味平和、营养价值高。桃中除了含有多种维生素和果酸以及钙、磷等矿物质外，它的含铁量也很大，为苹果和梨的4～6倍。

（2）桃的传说

1）关于桃子的传说：相传3000年前，在北方一个宁静的小山村里住着几户人家。山顶生活着一位勇敢、勤劳的男青年，他叫洮子，因为热心助人深得村民的喜爱。在山腰住着位叫小美的姑娘，她聪慧美丽而又能歌善舞。洮子一直将小美当作自己的妹妹，时常去找她聊天唱歌。他们两人在一起时总充满了欢声笑语，渐渐地他俩相爱了。

他们俩的爱情悄然而至，滋润着两人的心田。可是小美知道自己是玉帝的花仙子，不久就会飞升化仙。她深深地爱着洮子，怕自己的离去会打乱洮子的生活，刺伤洮子的心。于是一天，她冷冰冰地告诉洮子：“其实我爱的是非常坚强的男人，你控制不住情感就证明你不够坚强！什么时候你坚强起来了，能将对我的情感压抑住了，才会被我所爱。”此后，小美就不再与洮子相见了。

小美说的话深深地印在了洮子的心间，他陷入了两难的境地：爱小美，小美会不喜欢自己。忍住不爱小美，就会失去小美。他的心时而沸腾时而冰冷，他的脸失去了血色，他的心开始变得僵硬。在一次与小美的偶遇中，洮子诉说了自己的痛苦。

他告诉小美："我的心已经变冷、变硬，我爱你有多深，心便有多硬！妹妹，哥哥不相信你不喜欢我，我只想看看你的心是否像我一样因爱而冷！"生命对于这对年青人已经不再有意义了，他们取出各自冰冷的心脏，互相求证，而相依而死。

于是，"爱比恋更冷"成为人们一时相泣而谈的话题。村民们感慨于他俩的深情，将他俩合葬在一起。当晚雷声大作，大雨持续下了一夜，村民们只能在家听雨打在小路上的声音，谁也不敢出去看外面发生了什么？天明，雨停了，村民看到他俩的墓地上长出了一棵小树，树上开满了粉红的花朵。

原来，洮子的遗体化作了树干，村民为了记念他把这棵树叫作桃树。小美化作了桃花，灵魂升到了天上。由于她贪恋人间真情，到天庭时花仙的座次已排好，王母娘娘念其真情可贵，封其为桃花娘娘，专事人间爱情和求嗣。

当年夏天，人们惊奇地发现桃树上结满了鲜果，它像是两颗心紧紧地重叠在一起。知道这个故事的人，怕桃树伤心，总是等果子变红变软后才摘下食用。即便是这样，桃子的里面仍有一个壳护着一个变硬的心。从那年以后，人们总是用桃花象征爱情，用坚硬的桃木做桃符避邪。

2）桃花传说：《诗经》上云，"桃之夭夭，灼灼其华"。每到春天，轻盈的花朵染上妩媚的粉色，使大地充满了盎然春意。与桃花有关的还有很多美丽而又神奇的传说。

据传唐朝书生崔护，清明时节去郊外踏青，在一桃林内偶遇一少女，此时桃花正开，少女的面颊被桃花映得粉红，格外动人。崔护向这位少女要了一碗水喝，随即离去，但少女的容颜久久不能忘怀。第二年清明，崔护又来到那桃林，却只见桃花不见少女，原来少女竟因相思他，郁郁而逝了。崔护大痛。有位仙人感于此，让那少女复活了，成全了这一桩美好姻缘，而桃花正是这动人爱情的见证。

桃花盛开在春日里，她粲如锦绣，艳如红霞，传说唐明皇和杨贵妃都喜爱桃花，禁苑中种桃花千株，每到桃花盛开，他们会于桃园，每次皇帝都要摘桃花插于宠妃头上，说："此花最能助娇态。"桃花如此娇美，因此古时有人用桃花洗面，认为这样可使容貌更加美丽。

在我国民间还流传着这样一个传说：夸父追日，临死前将神木抛出，化成了一片桃林。我国最早的春联都是用桃木板做的，又称桃符，至今民间还认为桃木制品可驱除鬼怪，避邪。桃还寓意长寿，给老年人祝寿，通常送上一盘寿桃，以表示祝老年人健康长寿。

2.3.4 水果之神——葡萄

葡萄，有"水果之神"的称号。葡萄为落叶藤本植物，在西方古老的传说中，葡萄果实是由乐善好施的神奥西星斯把它带到人间来的，葡萄酒"Vin"一词，其实就是人们心中"神"的另一种说法。

（1）葡萄记

葡萄属落叶藤本植物，掌叶状，3～5 缺裂，复总状花序，通常呈圆锥形，浆果多为圆形或椭圆形，色泽随品种而异。人类在很早以前就开始栽培这种果树，几乎占全世界水果产量的1/4。葡萄营养价值很高，可制成葡萄汁、葡萄干和葡萄酒。粒大、皮厚、汁少、优质、皮肉难分离、耐储运的欧亚种葡萄又称为提子。

葡萄属葡萄科植物，为落叶藤本植物，是世界最古老的植物之一。葡萄原产于欧洲、西亚和北非一带。据考古资料，最早栽培葡萄的地区是小亚细亚里海和黑海之间及其南岸地区。大约在7000年以前，南高加索、中亚细亚、叙利亚、伊拉克等地区也开始了葡萄的栽培。多数历史学家认为波斯（今伊朗）是最早酿造葡萄酒的国家。欧洲最早开始种植葡萄并进行葡萄酒酿造的国家是希腊。在我国长江流域以北各地均种植葡萄。

葡萄品种很多。全世界约有上千种，总体上可以分为酿酒葡萄和食用葡萄两大类。世界栽培品系有欧洲品系及美洲品系两大系统，根据其原产地不同，分为东方品种群及欧洲品种群。我国栽培历史久远的"无核白""牛奶""黑鸡心"

等均属于东方品种群。“玫瑰香”“佳丽酿”等属于欧洲品种群。

在果品中，葡萄的资历最老，据古生物学家考证，在新生代第三地层内就发现了葡萄叶和种子的化石，证明距今650多万年前就已经有了葡萄。有的学者认为在23 000万年前至6700万年前就有类似葡萄的植物。

“提子”即广东语“葡萄”的意思，是商品名称。从广义上讲，红色的葡萄即为红提，黑色的葡萄称黑提，青色的葡萄则叫青提。但是，“提子”的叫法是在近几年引入美国红地球葡萄后才开始在国内流行的。人们只把从美国引进的红地球等葡萄称为“提子”，而对巨峰、玫瑰香等还叫葡萄。

（2）葡萄的传说

1）葡萄的美丽传说：很久以前，人类还没有诞生的时候，葡萄是黑色的，它象征着黑暗与战争，被誉为地狱之果。一次，月光女神生下了一个女孩，因为她是一个怪胎，便给她取了个名字，叫葡萄女，并把她给了冥王哈迪斯抚养。

很快，葡萄女长大了，成了一个美丽的姑娘。一次，葡萄女喜欢上了一个英俊的小伙子。小伙子来到了地狱，看见墙上有一种水果，一串一串的，是黑色的，那是葡萄，他很好奇这种水果的味道。于是，就摘了一串来吃，刚吃了一颗，便中毒身亡了。葡萄女见此情景，很伤心，抱着小伙子的尸体痛哭。她那纯洁的眼泪，滴在了葡萄上，葡萄立刻变成了紫色，毒素也没有了。

2）葡萄酒的传说：葡萄酒一直被视为世界上最健康、最性感的饮品，关于葡萄酒的传说也一样美丽动人。

从前一位波斯国王很爱吃葡萄，但是储存久了冒泡的葡萄认为是“毒药”。一位失宠的妃子寻死，打开“毒药”，发现里面是冒泡的液体，果然很像毒药，于是她喝了几口，结果不但没死，反而带来一股安乐陶醉的感觉。她把这个伟大的发现呈报给国王，从而再度获得宠爱，从此，两人过着有葡萄酒相伴的恩爱生活。

据《圣经》传说，亚当初见夏娃，以一个葡萄藤环相赠。当亚当和夏娃被逐出伊甸园时，他们带走的唯有腰间那一个葡萄藤环……。从此，葡萄被人们视为神圣之物，幸福和吉祥的象征。也就是从那时起，葡萄就被上帝赋予了彻骨的浪漫，注定离不开痴迷与救赎的轮回。

3）诺亚醉酒的传说：《圣经》记载，上帝在创造了宇宙、世界、光明与黑暗以后的第三天，开始在地球上创造有生命的植物，其中也包括葡萄。第五天则创造了各种动物。第六天，他用泥土创造了世上第一个男人——亚当，然后，取亚当的肋骨创造了第一个女人——夏娃，他们就是人类的祖先。

亚当与夏娃的子孙中，有一个名叫诺亚的男人，十分虔诚地信奉上帝，而且十分善良。当上帝发现世上出现了邪恶和贪婪后，决定要用洪水淹没世界，但愿意赦免诺亚一家。诺亚遵循上帝的旨意，挑选世上洁净的植物和配对的动物，带着他的三个儿子，登上了漆过松脂的柏木大船，即著名的诺亚方舟。上帝连降了四十昼夜的滂沱大雨，洪水泛滥，水位比大地上最高的山峰还高出 7 米。一百五十天以后，洪水渐渐退去，世上就剩下诺亚一家和方舟里的动植物。此后，诺亚开始耕作土地，开辟了一个葡萄园，并种下了第一株葡萄。后来，他又着手酿造葡萄酒。一天，他喝了园中的酒，赤身裸体地醉倒在帐篷里。他第二个儿子可汗看见后，去告诉兄弟西姆和雅弗，后两人拿着长袍，倒退着进帐篷背着面给父亲盖上，没有看父亲裸露的身体。诺亚酒醒后，就诅咒可汗，要神让可汗的儿子迦南一族做雅弗家族的奴隶。自己酒后失礼，却迁怒于儿子，更有甚者，还要罚自己的孙子为奴。“酒后无德”，看来古今中外都是一样的。

4）葡萄酒是“洋酒”还是中国“土酒”：有人说，葡萄酒是外来文化，因而它长期被列入“洋酒”之列。最原始的“酒”是野生浆果经过附在其表皮上的野生酵母自然发酵而成的果酒，称为“猿酒”，这样的酒是由我们的祖先发现并“造”出来的。我国是世界文明和葡萄的起源中心之一，因此，葡萄酒在我国应是“古已有之”了。

葡萄，我国古代曾叫“蒲陶”“蒲萄”“蒲姚”“葡桃”等，葡萄酒则相应地叫作“蒲萄酒”等。此外，在古汉语中，“葡萄”也可以指“葡萄酒”。关于葡萄两个字的来历，李时珍在《本草纲目》中写道：“葡萄，《汉书》作蒲桃，可造酒，人饮之，则然而醉，故有是名。”按李时珍的说法，葡萄之所以称为葡萄，是因为这种水果酿成的酒能使人饮后而醉。

我国是葡萄属植物的起源中心之一。原产于我国的葡萄属植物有 30 多种（包括变种），如分布在我国东北、北部及中部的山葡萄，产于中部和南部的葛藟萄，产于中部至西南部的刺葡萄。

我国最早的葡萄的文字记载见于《诗经》。“南有蓼木，葛累之；乐只君子，福履绥之。”（诗·周南·蓼木）“绵绵葛藟，在河之浒。终远兄弟，谓他人父。谓他人父，亦莫我顾。”（诗·王风·葛）“六月食郁及薁，七月亨葵及菽。八月剥枣，十月获稻，为此春酒，以介眉寿。”（诗· 风·七月）

从以上三首诗，可以了解到在《诗经》所反映的殷商时代（前17世纪初—约前11世纪），人们就已经知道采集并食用各种野葡萄了。《周礼》是儒家经典之一，搜集了周王室官制和战国时代各国制度，并融入了儒家政治理想。文繁事富，体大思精，学术治术无所不包，历来为学者所重。古文经学家认为《周礼》为周公所作，近人则将其认定为战国时期的作品。东汉末，经学大师郑玄汇通今古文之说作《周礼注》，精当博洽；学者靡然从之。

《周礼·地官司徒》记载：“场人，掌国之场圃，而树之果、蓏、珍异之物，以时敛而藏之。”郑玄注：“果，枣李之属。蓏，瓜瓠之属。珍异，蒲桃、批把之属。”这句话译成今文就是：“场人，掌管廓门内的场圃，种植瓜果、葡萄、枇杷等物，按时收敛储藏。”这样，在约3000年前的周朝，我国已有了家葡萄和葡萄园，并且已知道怎样储藏葡萄，在当时，葡萄是作为皇室果园的珍异果品的。

不过，中国葡萄和葡萄酒业的开始还是在汉武帝时期（前140年—前88年）。从汉武帝建元年间张骞从西域引进欧亚种葡萄，到清末民国初的两千年间，我国的葡萄酒业和葡萄酒文化的发展大致上经历了以下五个阶段：汉武帝时期，出现葡萄酒业，并有了初步发展；魏晋南北朝，是葡萄酒业的恢复、发展与葡萄酒文化的兴起的时期；唐太宗和盛唐时期，发展了灿烂的葡萄酒文化；元世祖时期至元朝末期，葡萄酒业和葡萄酒文化的繁荣期；清末民国初期，是萄萄酒业的转折期。

因此，葡萄酒在中国经历了一个漫长而缓慢的发展过程，葡萄酒应是中国“土酒”，而不是“洋酒”。

5）龙眼葡萄的美丽传说：龙眼葡萄之所以叫龙眼，还有一个美丽的传说。传说李世民从太原起兵南下，直取西京长安。虽稳稳地夺得了江山，但太原之地却连遭到突厥兵的侵扰，土地荒芜，瘟疫流行。李世民知道后，便日夜焚香祷告，求助于上苍。

玉皇大帝得知此事后，感念李世民一片赤诚，便派赤龙秃尾下凡，救黎民于水火。当赤龙秃尾奉令离开天庭下降到汾河之畔时，还未施法，便被一阵悠扬的琴声所吸引。仔细凝听，或喜或悲的琴音，竟然让它忘记了此行的目的。徇声望去，在一间茅屋里，赤龙秃尾发现了一位老者，贪恋琴音的秃尾竟拜老翁为师学起了奏琴。

时隔数日，秃尾的琴技大长。正当他得意之时，某日，忽然狂风大作，晴空乌云翻滚，茅屋上空连响几声霹雳。秃尾一惊，一股痴念顿时化作冷汗，将琴一放，化作轻风升腾到了空中。原来，玉帝知他不遵法旨，便派六丁神将擒他回天宫。赤龙秃尾知自己违犯天律，不可饶恕，便趁六丁神将不注意，抠出双目抛向了西山，将身体化作一块大木，摔向东山。

秃尾的双目抛往白石沟迎南风村坪儿里，一阵清风细雨过后，坪儿里长出了两株葡萄树，树上结出的串串葡萄在秋风过后，粉红透明、鲜艳而水灵，犹如几百颗龙目聚在一起。摘下一个，放在嘴里，甘甜可口。熟透时，糖分饱满，还能拉出一条条细细的糖丝，这就是龙眼葡萄。龙眼葡萄不仅有健胃去火之功，最为可贵的是，此品种还利于储放，成为边山一带的救命食物。味纯、皮脆、耐储存的优点一被人们知道，家家就争着移植。可是，无论别人怎么辛苦，长出的果实总不如迎南风村坪儿里结出的可口。后来，边山一带的人们梦到了六丁神将，才知这葡萄是赤龙为驱除这一带的瘟疫将自己的眼睛化成的，便起名为“龙眼”，并在边山一带建起了赤龙庙，四时享祭。

2.3.5 珍异之物——枇杷

枇杷，秋日养蕾，冬季开花，春来结子，夏初成熟，承四时之雨露，为“果中独备四时之气者”，其果肉柔软多汁，酸甜适度，味道鲜美，被誉为“果中之皇”。

（1）枇杷记

枇杷中文古名叫芦橘，又名金丸、芦枝、琵琶果，是蔷薇科中的枇杷属的一种植物。枇杷因果子形状似琵琶乐器而名，是我国南方特有的珍稀水果。宋朝著名词人苏东坡有诗句“客来茶罢空无有，芦橘杨梅尚带酸”，在这里芦橘指的就是枇杷。枇杷味道甘酸，吃了可以润肺止咳，清热解毒。

枇杷属常绿小乔木，树皮灰褐色粗糙，小枝、叶背及花絮均密被锈色绒毛。叶粗大革质，常为倒披针状椭圆形。花白色，芳香，10～12 月开花，翌年初夏果熟，果近球形或梨形，黄色或橙黄色。

枇杷与大部分果树不同，在秋天或初冬开花，果子在春天至初夏成熟，比其他水果都早，因此被称为“果木中独备四时之气者”。枇杷的花为白色或淡黄色，有 5 块花瓣，直径约 2 厘米，以 5～10 朵成一束，可以作为蜜源作物。成熟的枇杷果子亦成束挂在树上，每个果子长 3～5 厘米，呈圆形、椭圆或长状“琵琶形”。枇杷表面被有绒毛，未熟时青绿色，较硬实，芳香气味较浓。成熟后外皮一般为淡黄色，亦有颜色较深，接近橙红色的。果肉软而多汁，主要可分为白色及橙色两种，称白沙（白枇杷）和红沙。白沙甜，果型较小；红沙较酸或颇酸，果型相对较大。每个枇杷果子内有 5 个子房，当中 1～5 颗发育成棕色的种子，人工开发的无籽品种则无种子。

（2）枇杷仙子的传说

枇杷仙子是天宫王母娘娘幺女，是七仙女中最为乖巧、漂亮的仙女，因其喜欢枇杷，常吃枇杷，长得尤如出水奇葩，美丽至极，更因其为人间带来了枇杷种子，使人类分享到了这一色黄、味甜可口仙果，因而，人们称之为枇杷仙子。

这还得从远古时代说起，传说上万年前，蟹螺曾经是一片汪洋大海，枇杷仙子经常下界来到海边嬉水，久而久之便沾上了一些海的灵气。

一天，一位血气方刚的木雅藏族青年俊男来到海边，看上了这片辽阔的土地和海域，但苦于生存的空间太小。正处无奈之际，王母娘娘化成一道士来到了青年小伙面前，询问了一些情况，给了他一个锦囊，密传他每日早上正对太阳苦念藏经，可将海水诅咒干枯。青年小伙得这一妙计，每日苦苦咒念，日复一日，年复一年，总算感动了上天，将大海诅咒成了平原。然而海水干后，海底却惊现了一只庞大海蟹子，海蟹子后有一个巨大的海螺壳。海蟹每日生活于海螺中，蟹紧紧地收进螺里，螺则紧紧地抱住蟹，海蟹子和海螺壳失去海水后慢慢变成了四面环绕的高山峻岭，蟹和螺主身躯变成了具有传奇色彩的子尔山，如今的蟹螺也因此而得名。至今子尔山上还有一神秘探洞，探洞四壁记有蟹螺由来的传说和海变平原、蟹和螺成山的简易壁画，四周还有木雅尔苏藏族聚居画像和传奇色彩文化遗迹。

此事不仅感动了王母娘娘，青年男子的勤劳、憨厚、大方、朴实更是深深地吸引住了多情的枇杷仙子。每日一大早，枇杷仙子都要偷偷下界，来到木雅藏族青年家，为其洗衣做饭，晚上又回到天宫，日久天长，两人建立了深厚的感情。一天，仙女从天宫偷来了一粒枇杷种子，种植在了青年小伙家门外，枇杷种子遇土而大沾地气，很快便萌生成了一棵擎天枇杷树，青年小伙便将所结枇杷种子满山遍野进行种植。就这样，野生枇杷在蟹螺、安顺、先锋、新民一带得到了繁衍生息。

然而此事被王母娘娘知晓后，大发雷霆，将枇杷仙子囚禁于天牢，与木雅藏族青年俊男便没有了来往……

几年后，一长得与枇杷仙子完全一样的木雅藏族妙龄女子闯进了木雅藏族青年小伙的生活，并在蟹螺一带繁衍生息，形成了良好的藏族群。据说，这位木雅藏族妙龄女子附有枇杷仙子的灵气，所以对这位藏族青年小伙情有独钟。

如今的蟹螺文化及木雅藏族后代，又叫木雅尔苏藏族，仍生活在雅安和甘孜、凉山交会处的古老神秘区域，族群也慢慢演变成了几种土司藏系，但生产、生活、传统与信仰仍一直维系在亘古不变的祖先遗制中。这个古老的族群由于曾地处“藏彝通道”和南方丝绸之路这样特殊的地理位置，以及在汉、藏、彝各民族和睦相处的背景下，形成了一种非常独特的原生态地方藏文化，如晒佛节、环山鸡节、送魂山、喇嘛诵经、“抬佛”、阳光下虔诚祭拜唐卡、月光中上演神秘舞蹈、全堡子人隆重地送走喇嘛等。木雅尔苏文化在这个族群得到了传承和发扬。

2.3.6　多子丽人——石榴

石榴被称为“天下之奇树，九州之名果”，它属于石榴科的落叶灌木，一般在5月开花，也有四季开花的。石榴不仅是奇树珍果，还可入药。晋朝潘岳在他的《石榴赋》中说它有“御饥疗渴，解醒止醉”的功用。

（1）石榴记

石榴是一种奇异的浆果。外种皮肉质半透明，多汁。石榴是落叶灌木或小乔木，在热带则是常绿树。树冠丛状自然圆头形。树根黄褐色。生长强健，根际易生根蘖。树高可达5~7米，一般3~4米，但矮生石榴仅高约1米或更矮。树干呈灰褐色，上有瘤状突起，干多向左方扭转。树冠内分枝多，嫩枝有棱，多呈方形。小枝柔韧，不易折断。一次枝在生长旺盛的小枝上交错对生，具小刺。刺的长短与品种和生长情况有关。旺树多刺，老树少刺。芽色随季节而变化，有紫、绿、橙三色。叶对生或簇生，呈长披针形至长圆形，或椭圆状披针形，长2~8厘米，宽1~2厘米，顶端尖，表面有光泽，背面中脉凸起；有短叶柄。花两性，依子房发达与否，有钟状花和筒状花之别，前者子房发达容易受精结果，后者常凋落不实；一般1朵至数朵着生在当年新梢顶端及顶端以下的叶腋间；萼片硬，肉质，管状，5~7裂，与子房连生，宿存；花瓣倒卵形，与萼片同数而互生，覆瓦状排列。花有单瓣、重瓣之分。重瓣品种花瓣多达数十枚；花多红色，也有白色和黄、粉红、玛瑙等色。雄蕊多数，花丝无毛。雌蕊具花柱1个，长度超过雄蕊，心皮4~8，子房下位，成熟后变成大型而多室、多子的浆果，每室内有多数子粒。外种皮肉质，呈鲜红、淡红或白色，多汁，甜而带酸，即为可食用的部分。内种皮为角质，也有退化变软的，即软籽石榴。果石榴花期5~6月，榴花似火，果期9~10月。花石榴花期5~10月。

石榴原产于波斯到印度西北部喜马拉雅山一带。在阿富汗、伊朗一带及俄罗斯南部还能找到野生的石榴林。在伊朗、阿富汗和阿塞拜疆以及格鲁吉亚共和国的海拔300~1000米的山上，也有大片的野生石榴林。石榴是人类引种栽培最早的果树和花木之一。中国、印度及亚洲、非洲、欧洲沿地中海各地，均作为果树栽培，而以非洲尤多。美国主要分布在加利福尼亚州。欧洲西南部伊比利亚半岛上的西班牙把石榴作为国花，在50万平方千米国土上，不论是高原山地、市镇乡村的房舍前后，还是海滨城市的公园、花园，石榴栽种特多。石榴在原产地伊朗及附近地区分布较广，选育了不少优异品种。石榴传入中国后，因其花果美丽，栽培容易，深受人们喜爱。它被列入农历5月的“月花”，称5月为“榴月”。

石榴在中国已有2000年以上的栽培历史。《博物志》及《群芳谱》均记载有“汉张骞出使西域，得涂林安石国榴种以归，改称安石榴”等语。因此，认为石榴是由汉时经丝绸之路传入中国。石榴在中国首先在新疆叶城、疏附一带盛行栽培，而后传入陕西、河南、山东、安徽，遍及全国。也另有记载，约3世纪末，石榴由印度经西藏传入中国，故西藏、四川、云南、石家庄等地均盛产石榴。

（2）石榴传说

1）张骞出使安石国：汉武帝时期，张骞出使西域，住在安石国的馆驿里，馆驿门口一株花红似火的小树，张骞非常喜爱，但从没见过，不知道是什么树。园丁告诉他是石榴树，张骞一有空闲就要站在石榴树旁欣赏石榴花。后来，天旱了，石榴树的花叶日渐枯萎，于是张骞就担水浇那棵石榴树。石榴树在张骞的灌浇下，叶也返绿了，花也伸展了。

张骞在安石国办完公事，准备回国。回国前的那天夜里，正在屋里画通往西域的地图。忽见一个红衣绿裙的女子推门而入，飘飘然来到跟前，施了礼说："听说您明天就要回国了，奴愿跟您同去中原。"张骞大吃一惊，心想准是安石国哪位使女要跟他逃走，身在异国，又为汉使，怎能惹此是非，于是正颜厉色说："夜半私入，口出乱语，请快快出去吧！"

那女子见张骞撵她，怯生生地走了。

第二天，张骞回国时，安石国赠金他不要，赠银他不收，单要馆驿门口那棵石榴树。他说："我们中原什么都有，就是没有石榴树，我想把馆驿门口那棵石榴树带回去，移植中原，也好做个纪念。"安石国国王答应了张骞的请求，就派人起出了那棵石榴树，同满朝文武百官给张骞送行。

张骞一行人在回来的路上，不幸被匈奴人拦截，当杀出重围时，却把那棵石榴树失落了。人马回到长安，汉武帝率领百官出城迎接。正在此时，忽听后边有一女子在喊："天朝使臣，叫我赶得好苦啊！"张骞回头看时，正是在安石国宾馆里见到的那个女子，只见她披头散发，气喘吁吁，白玉般的脸蛋上挂着两行泪水。张骞一阵惊异，忙说道："你为何不在安石国，要千里迢迢来追我？"那女子垂泪说道："路途被劫，奴不愿离弃天使，就一路追来，以报昔日浇灌活命之恩。"她说罢"扑"地跪下，立刻不见了。就在她跪下去的地方，出现了一棵石榴树，叶绿欲滴，花红似火。汉武帝和众百官一见无不惊奇，张骞这才明白了是怎么回事，就给武帝讲述了在安石国浇灌石榴树的前情。汉武帝一听，非常喜悦，忙命武士刨起移出，移植御花园中。从此，中原就有了石榴树。

2）榴花姑娘传奇：传说在两千多年前，西班牙国王的女儿玉晶公主爱上了一个平民家庭的小伙子，国王不同意，不让他们成亲，硬把小伙子判了罪，发配到很远很远的地方。玉晶公主因为失恋的痛苦，每天呆呆地站在花园内的假山下，看着百花落泪，颗颗泪珠洒落在假山石旁。

第二年，玉晶公主相思过度，悲痛地死去了。在泪珠洒落的地方，长出一棵棵带刺的花树，结出一个个比拳头大些的圆圆的果子。花工呈报给国王，说御花园假山下，出了一些奇树，开的花像火一样红，结的果像球一样圆。国王和大臣们觉着是怪事，每天来花园看一次。奇树总得有个名字吧，因为生长在石头旁边，人们就叫它石榴树了。石榴树又是生长在玉晶公主站过的地方，也象征着玉晶公主的形象。于是人们说，石榴籽儿是玉晶公主的颗颗泪珠凝成的。

西班牙姑娘人人同情玉晶公主，喜爱石榴花。她们把石榴树栽遍全国。为了纪念玉晶公主，石榴花被作为西班牙国花。

3）“石榴裙”的传说：在我国，有关石榴裙的传说，比石榴果还要丰富生动。红得似火的石榴花，易于让人想到男子对异性的热烈追求和向往。石榴籽象征子孙兴旺，石榴花喻示女性之美，所以男人拜倒在石榴裙下，理所当然。

传说在唐天宝年间，杨贵妃非常喜爱石榴花，爱赏石榴花、爱吃石榴，特别爱穿绣满石榴花的彩裙。唐明皇投其所好，在华清池、西绣岭、王母祠等地广泛栽种石榴。每当石榴花竞放之际，这位风流天子即设酒宴于“炽红火热”的石榴花丛之中。

杨贵妃饮酒后，双腮绯红，唐明皇时常沉醉于宠妃的妩媚醉态。因唐明皇过分宠爱杨贵妃，不理朝政，大臣们不敢指责皇上，则迁怒于杨贵妃，对她拒不施礼。杨贵妃无奈，一天，唐明皇设宴召群臣共饮，并邀杨贵妃献舞助兴。可贵妃端起酒杯送到唐明皇唇边，向皇上耳语道：“这些臣子大多对臣妾侧目而视，不施礼、不恭敬，我不愿为他们献舞。”唐明皇闻之，感到宠妃受了委屈，立即下令，要求所有文官武将，见了贵妃一律施礼，拒不跪拜者，以欺君之罪严惩。众臣无奈，凡见到杨贵妃身着石榴裙走来，无不下跪施礼。于是，“跪拜在石榴裙下”的典故流传至今，成了崇拜女性的俗语。

在唐代，石榴裙是年轻女子极为青睐的一种服饰款式。这种裙子色如石榴之红，不染其他颜色，往往使穿着它的女子俏丽动人。唐人万楚在《五月观妓》中说：“眉黛夺将萱草色，红裙妒杀石榴花。”韦庄也在《赠姬人》中唱道：“莫恨红裙破，休嫌白屋低。”白居易在《琵琶行》中，曾描写了那位弹琵琶的女子色艺惊人：“曲罢曾教善才服，妆成每被秋娘妒……钿头银篦击节碎，血色罗裙翻酒污。”这“血色罗裙”即是石榴裙。

石榴裙流传的时间很久远，明代唐寅在《梅妃嗅香》一诗中写道：“梅花香满石榴裙”。虽写的是唐朝之事，即可看出当时现实生活中，此种款式的裙子仍为年轻女子所珍爱。

由于石榴裙经久不衰，于是俗语中说男人被美色所征服，称之为“拜倒在石榴裙下”，至今仍在鲜活地用着。

本章首先重点介绍了果树起源与栽培历史，让读者对果树的价值、分类、起源、资源的基础知识有一个全面地了解，然后从无公害果品生产和有机果品生产的技术环节方面入手，全面介绍了果品的安全生产。最后引入大量的神话故事，重点介绍了苹果、梨、桃、葡萄、枇杷、石榴等树种。

3 阳光森林

森林是以乔木为主，与其他植物、动物、微生物和土壤、气候等自然环境相互依存、相互制约，共同组成的生态系统。据联合国粮农组织的统计，森林覆盖了大约9.4%的地球表面积或约30%的陆地面积，是陆地生态系统的主体，也是可再生的资源，对于人类社会的可持续发展有重要作用。森林对固定二氧化碳、维持动物群落稳定、调节地表径流、固土保水等起着重要作用。了解和认识森林的变迁历史和森林的分布，森林的生态、经济和社会价值，主要森林树种和造林技术，以及森林保护技术，有助于我们更好地推进生态环境保护，建设美丽中国。

3.1 森林的地理分布和历史变迁

森林有其自然的生长、枯损和演替发展的过程。同时，由于人类对森林的种植经营、利用和自然条件的影响，森林的数量、质量和分布情况处于不断变迁之中。探讨森林分布和变迁的过程及规律，可以为合理培育、经营、保护和利用森林资源提供借鉴。

3.1.1 中国森林的地理分布

森林的天然地理分布是自然地理因素，如气候、地貌、土壤和生物因素，在长期历史演变相互作用和协同进化中形成的，它既反映了现实的综合自然要素对森林类型形成和分布格局的种种影响，又深刻地具有历史变迁过程的烙印，如气候的演变，特别是地史上第四纪依赖冰期、间冰期的交替变化，造山运动带来的地质构造和地形地貌的变化。另外青藏高原的隆起也带来一系列自然地理因素的演变及古动植物区系的形成与变化。这一切都给中国森林的总体分布、森林类型的形成及其动植物组成等带来不同程度的历史印痕和变迁踪迹。

对植被分布影响最重要的是热量和水分条件。在中国的东半部，随纬度的增加，自南到北有热带（可再分为赤道热带、中热带、边缘热带或北热带）、亚热带（可再分南亚热带、中亚热带和北亚热带）、温带（可再分暖温带、中温带和寒温带）之分，不同热量条件自南到北可以满足热带雨林、热带季雨林、季风常绿阔叶林、常绿阔叶林、常绿落叶阔叶混交林、落叶阔叶林、温带针阔叶混交林和寒温带针叶林等各基本类型森林的形成和发展。

由于中国大陆西部，即位于亚热带的青藏高原的隆起，使中国西部地区的热量条件发生了改变，改变了中国西部的水热分配。藏北高原植被类型以寒漠、高寒草甸为主，藏南谷地以高寒草原为主。在高原东南侧向东经过高山峡谷地貌的横断山区向东南下降，包括藏南高山深谷区，该地带气候类型丰富，形成了寒温带、温带、亚热带气候局部地区甚至形成热带气候，为不同类型的森林提供了不同热量条件。由于这两区还承受西南季风的润泽，成为中国西南部森林类型众多、森林资源丰富的森林区。

青藏高原北部的昆仑山、阿尔金山和祁连山，以及由它们所包围的柴达木盆地属温带气候区，由于雨量的限制，只有局部山地如祁连山尚能接受东南季风的余泽，发育成温带性山地森林，其余均为寒漠、荒漠或干旱灌丛。受青藏高原抬起影响所及的内蒙古高原，因地势抬高，热量比同纬度的东部暖温带低，具有温带气候特征。

因此，中国的热量分布有如下特征：由平原、丘陵和山地所组成的中国东半壁，即东北、华北和华南，热量条件主要受纬度而变化的太阳辐射状况所支配，由南向北降低，而其间的山地丘陵等地形起伏则局部地重新分配着热量，影响着森林植被的特征。青藏高原因海拔抬升，形成一个高寒区，高原东北、东南和南部边缘区形成了明显的温带垂直带谱。作为中国大陆第二台阶的内蒙古高原、黄土高原和云贵高原，其热量条件则低于同纬度的东部地区，植被分布受纬度和高度的双重影响。

对中国植被分布有影响的另一因素是海陆之间热力差所带来的寒流和暖流的影响。冬季，因西伯利亚高气压笼罩亚洲大陆，气流从大陆进入海洋，即从西伯利亚和蒙古来的东北风和西北风向南吹去，使中国成为世界上冬季比较寒冷的国家之一，影响了本来可以在这一区域热量条件下生长的树木种类，威胁着一些树木的生存，甚至扰动了正常情况下树种按纬度的分布规律。

中国的降水主要受东南季风和西南季风两大环流系统的控制。前者是夏季盛行的来自太平洋的东南风，主要影响中国东南部；后者是夏季来自孟加拉湾和印度洋的西南风，主要影响中国的西南部。中国西北部深位内陆，受两者影响很小，成为中国的干旱区。两大季风都为中国带来丰沛的雨量。

由上所述，中国东南半壁多雨，为湿润区；西北半壁少雨，为干旱半干旱区。由东南沿海年降水量2000毫米左右，往西北渐减至200～100毫米，个别地区甚至50毫米以下。中国400毫米的等降水量线大致沿大兴安岭山脉西侧，经燕山、太行山、吕梁山，西南下斜经西藏东南的亚东略西一线，基本区分了此线以东的湿润区域和以西的干旱半干旱区。

综合纬度、经度和大地貌特征对中国森林发育的关系，可以把中国分为三大自然区域：①东部为湿润季风的森林区域，其西界大抵为如前所述的400毫米年等降水量线。此区含大兴安岭、东北山地、东北平原、华北山地、华北平原、华东的黄淮海平原及山地、台湾、四川盆地、横断山区、云贵高原、华中、华南、海南及南海诸岛。②400毫米等降水量线以西的南半部，为青藏高原，为高寒干旱草甸荒漠区域，为非森林区域。③400毫米等降水量以西的北半部，即昆仑山、阿尔金山、祁连山以北和以东，含黄土高原、鄂尔多斯高原、内蒙古高原、呼伦贝尔高原，是中国西北内陆干旱半干旱草原、荒漠和山地森林区域，基本上属于草原、荒漠景观，仅山地具有森林分布的区域。

3.1.2 中国森林的变迁历史

森林是陆生植物群落，随着地球表面大陆的出现，植物由海洋向陆地发展，初期的裸蕨类逐步演化形成森林。陆生植物由低级到高级、由简单到复杂的演化过程分为三个阶段，即蕨类植物阶段、裸子植物阶段和被子植物阶段。与之大致相对应的是古生代森林、中生代森林和新生代森林。地史上的这三个年代总称显生宙（Phanerozoic Eon）。显生宙是森林发生和发展的时代，始于距今6亿年前。

（1）古生代森林

泥盆纪早期的植被是以裸蕨类为主的草丛。晚期在中国的南方地区和西北地区、内蒙古等地的滨海地带出现了一些小型的森林。那时候植物界还没产生分区现象，世界各地的森林成分都基本相同。泥盆纪森林主要由石松纲原始鳞木类的树种组成，其中有的乔木高达8米，有的胸径逾20厘米。植物种子化石也在同期地层中出现，表明当时森林里已经有了裸子植物。

石炭纪、二叠纪是蕨类森林大发展的时代，也是地史上的主要成煤阶段，中国的煤藏即主要于此期形成。此期组成树种以鳞木类为主，林下灌木和草本为种属繁多的真蕨和种子蕨类，乔木层高达30~40米，胸径达2米左右。

在石炭纪晚期，地球上开始出现了大面积的气候分带和植物分区，到二叠纪时更趋显著。那时全球有4个植物区，中国主要属华夏植物区。此区林木高大茂密，树干不显年轮，属四季不分的热带－亚热带类型。北部天山－阴山以北属安加拉植物区，主要分布种子蕨类，木材年轮明显，为亚热带－温带类型。在中国喜马拉雅山坡一隅，出现了以舌羊齿为代表的灌木－草本植物群，其组成单调，属温凉大陆性大陆气候的冈瓦纳植物区。

（2）中生代森林

经过古生代末期的造山运动，陆地面积扩大，湿地范围缩小，地形分异显著，气候趋于炎热干燥，促使森林植被向旱生发展。于是蕨类森林逐渐萎缩退化，代之以裸子植物的崛起。

1）三叠纪森林：三叠纪的早期和中期，中国南方普遍被海水淹没，北方气候干旱，故森林稀疏、树种单调。局部出现的一些森林，主要由裸子植物组成。

经过印支运动后，淹没华南的海水全部退出，气候转趋湿润，森林蓬勃兴起。三叠纪晚期，在中国出现两个植物区。以昆仑山－秦岭－大别山为界，分为南方沿海区和北方内陆区。前者属热带或热带－亚热带海洋性气候，后者属亚热带大陆性气候。

南方区普遍以树干粗短的苏铁类成林，林中散生树蕨，林下为种子蕨类灌木和以双翼蕨科为主的真蕨类草本植物，有节类丛生在河湖沼泽地带，山地分布着一些松柏类和银杏类的树种。

北方区的森林植被呈现另一面貌。那里苏铁类很少，双翼蕨科植物几乎不见。银杏类树种较多，其次有松柏类、有节类等。植物种类比南方区少。

2）侏罗纪森林：侏罗纪时，南方热而偏旱，北方温暖湿润。北方地区于此时形成了较为重要的煤田。侏罗纪森林主要由苏铁类、银杏类和松柏类的树种组成。

侏罗纪植物的南北分异不如三叠纪那样显著。早期和中期，苏铁类在南方略占优势，并比北方繁盛，而银杏类则以在北方的地位较为突出。晚期，松柏类在南北方都比较繁盛，苏铁和银杏类明显减少。

侏罗纪时，银杏类和松柏类的森林在山地有较广泛的分布，苏铁林则多分布在平原和山坡下部。林下丛生真蕨类。生长在北京地区的松柏类林木，年轮清晰可辨，树干胸径达 2.5 米。

3）白垩纪森林：白垩纪时，我国的华北北部和东北地区气候暖湿，森林繁茂。除了靠近海洋的一些地区有较多森林分布外，中国其他大部分地区由于气候干旱，森林稀疏。

白垩纪早期森林的组成与侏罗纪晚期类似，唯松柏类的优势更为突出，苏铁和银杏类进一步减少，并开始出现被子植物。在吉林延吉盆地发现了中国最早出现的被子植物的化石，此外在黑龙江林甸县、北京西山等地也发现了个别的被子植物的化石。

白垩纪晚期，被子植物在森林植被中一跃占据压倒性优势。这时上述北方地区的植物群落主要为暖性针叶树与常绿阔叶树组成的亚热带暖温带针阔叶混交林。除此之外，中国内陆广大地区在白垩纪气候干旱，植被的基本面貌是疏林草原－灌丛类型。由于幅员辽阔，环境复杂，各地孢粉化石中出现的植物种类不少，但主要是一些耐旱的类型，仅在气候比较湿润的山区有一些森林分布，如鄂西地区间有水杉、黄杉、雪松、云杉、南洋杉及柏科等松柏类组成的针叶林。

（3）新生代森林

新生代是被子植物大发展的时代。中国新生代植物群大致可分为三个发展阶段，即木本植物大发展阶段、草本植物大发展阶段和杂种与多倍体植物大发展阶段。与此相应的时代是老第三纪、新第三纪和第四纪。随着时代的发展，新生代森林的类型和分区也渐趋复杂。

1）老第三纪森林：老第三纪森林组成以木本被子植物占绝对优势，种类繁多，草本罕见。被子植物中绝灭类型减少。古老的蕨类和裸子植物占有一定数量。我国森林基本属亚热带类型，其区域分布与气候的干湿变化关系较大。

2）新第三纪森林：随着地理环境的分异，新第三纪森林趋于复杂。古老的森林植物减少，草本种类激增，北方落叶阔叶林繁衍，针叶林范围扩大，西北草原形成并向东部扩展。

3）第四纪森林：第四纪全球普遍降温，中国降温的幅度是随纬度的增高而加大，从而亚热带北界继新三纪之后再度退缩，暖温带移至秦岭－淮河一线。加之山地和高原的进一步隆升，气候的分异更趋显著，森林植被的区域性分化亦更加复杂而与今日接近。

早期，森林植物中第三纪的孑遗属种在北方还有较多分布，中、晚期以后则多只分布于秦岭－淮河一线以南地带。草本植物的比例自第四纪以来大为扩展；在末次冰期时，草原范围层一度扩展到长江下游。从新第三纪到现在，阔叶林从西北荒漠地带退到华北山地；在冰期中，曾退到长江以南。同时，在木本植物中，落叶阔叶树与喜冷的针叶树亦相对增多。植物种类基本上与现今一致。随着虫媒和风媒作用的发展，由频繁的种间杂交而产生日益增多的杂种和多倍体植物成分。此时原始人类的活动已经出现。

a. 更新世森林：更新世是冰期、间冰期频繁交替的时代，同一时期冰期、间冰期的温差达6～15℃。由此引起的植物群在南北方向和垂直高度上的往复迁移，以至于同一地区在不同的冷暖阶段出现不同的植被类型。如华北地区从冰期到间冰期，依次出现草原、针叶林、针阔混交林、阔叶林等类型。同时，每经过一次往复迁移之后，整个植物带一般要下降一定高度，或南移一定距离。如寒温带针叶林每一次大致就要南移2～3个纬度。有的树种，如亚热带的山核桃、水青冈和枫香等，更新世早期残留在三江平原和分布到渭河谷地，到现在已退缩到长江以南。植被带的这种移动，使中国在第四纪期间温带范围不断加宽，热带、亚热带范围不断变窄，森林范围也随之缩小。

b. 全新世森林：全新世即冰后期，是地史上的最新一页，迄今只有1万年左右时间，后期已有文字记载。它的气候相当于间冰期，但仍有冷暖变化，以中期（距今5000~9000年）的温度最高。那时中国东部的气温一般较现在高2~3℃，雨量也比现在大。生活在6000~7000年前的河姆渡人，在他们住地周围分布着以台湾枫香、小叶青冈、赤皮青冈、钩栲、蕈树等为主的茂密的常绿落叶阔叶林，林下丛生狭叶海金沙、柳叶海金沙、带状瓶尔小草、褐叶星蕨等热带蕨类植物，反映当时浙江北部湿热异常，平均温度至少高出现今3~5℃，雨量也较现今多500~1000毫米。西安半坡遗址中发掘出喜暖的獐和竹鼠的骨骸。同一时期，郑州、连云港等地孢粉中出现青冈、栲、冬青等亚热带常绿树种，渭河谷地有竹类分布。这些均说明4000~5000年前黄河中下游的气候条件跟现今的长江流域一样，气温比现在也要高2~3℃。当时，长江中下游地区分布着中、南亚热带的常绿落叶阔叶林，组成树种有青冈、栎、栲、石栎、杨梅、山核桃、榆、枫香、山矾、冬青、桃金娘等。山地针叶林以松林为主。在低温阶段，这一带又分布着暖温带至北亚热带的针阔混交林。故全新世气候的冷暖变化已能引起植被带的南北迁移。但总体来说，全新世期间我国境内的林木种类、自然植被和水平地带和区系组成与现今基本一致。

3.2 森林的价值

作为陆地生态系统的主体，森林起着固碳释氧、保持水土、净化空气等多种生态作用，在为生产生活提供木材和各种林产品的同时，还是森林文化的摇篮和林业科研的基地，有着重要的生态、经济和社会价值。

3.2.1 森林的生态价值

森林的生态价值主要体现在固碳释氧、涵养水源、保育土壤、净化大气、维持生物多样性等方面。

（1）固碳释氧

森林通过植物的光合作用吸收大气中的二氧化碳和水，同时释放氧气并生成有机物，将光能转化成化学能储存起来，这是森林的生长过程。森林也是地球上氧气和有机物的最主要来源，是地球生物圈的原初生产力。植物光合作用的基本化学方程式：$6CO_2 + 6H_2O \longrightarrow$ 葡萄糖 $+ 6O_2$。根据该方程式，植物每吸收264克二氧化碳和108克水，可以产生180克葡萄糖和192克氧气。葡萄糖可以转化成多糖，为树木和其他植物构建自身组织器官提供原料。林木每形成1吨干物质，可以固定1.63吨二氧化碳，释放1.19吨氧气。森林的生长过程中以各种形式固定大气中的二氧化碳，同时释放氧气，这对于维持大气中的二氧化碳和氧气的动态平衡，减缓地球温室效应，提供人类和其他动物及耗氧生物的生存条件，都有着巨大作用。

（2）涵养水源

森林具有截留降水、缓和地表径流、改善水质、补充地下水、抑制土壤水分蒸发、调节河川流量、涵养土壤水分等功能。森林中的雨水降落后，首先受到林冠层的拦截，茂密的树冠和高耸的树干可以起到截留雨水的功能。树冠截留量与降水特性、风速、风向、林分结构、郁闭度等都有关，但是主要取决于降水量和降水强度。大部分雨水降落后透过林冠落到下面的灌木草本植物层，再次截留。降水到达地面后落到地表，森林地表层的枯枝落叶松软粗糙，持水能力强，所以森林地表层也有很强的截留降水能力。当枯枝落叶吸收水分达到饱和后，一部分渗入到土壤中，另外一部分以地表径流的形式输出森林生态系统。由于枯枝落叶的存在，这种地表径流不同于裸露地面上的水流。枯枝落叶可以阻止地表水的流动，对于地表径流的时间和强度起到缓冲作用。森林里的土壤疏松多孔，结构层次好，特别是非毛管孔隙度较高，所以具有很强的透水性。较好的土壤渗透性能减缓地表径流，能够减少地表水土流失。

森林在拦蓄降水的同时也可以净化水质。森林对降水进行过滤和吸附后，水质得到净化，可以更好地供人或其他生物使用。

（3）保育土壤

森林茂密的林冠层、深厚的枯枝落叶层和呈网状分布的根系，一方面既可保留自然降水，还能减少雨水对土壤的冲刷，从而保持了土壤结构，减少地表径流。另一方面，森林中树木强大的根系能使土壤牢固，减少土壤侵蚀以及防止土地资源的流失。当土壤流失时，土壤中存在的营养元素也会随之流失，与此同时流失的水土会对下游流域产生堵塞。因此，森林能够起到水土保持的作用，对减少土壤侵蚀、保持土壤养料、减少泥沙淤积和改善土壤质量等方面都会有相应的作用。

林冠层对大气中的降水进行再次分配，使林内降水量和降水强度发生变化，减弱降水对表土的直接冲击，起到防止地表径流侵蚀的作用，从而减少了对土壤结构的冲刷和破坏，保护了水土资源。枯枝落叶层不仅能截留和吸收大量的水分，而且增加了地表的粗糙度，从而影响地表径流的流动。另外，枯枝落叶的分解增加了土壤营养元素以及土壤碳库的积累，提高了土壤肥力，同时也改善了土壤结构。树木的根系能够改善土壤的孔隙度、通透性等物理性状，使土壤变得疏松，所以能够吸收更多的水分，使得更多的地表径流下渗，起到减少地表径流冲刷表土的作用。另外，呈网状分布的根系与土壤牢固地交织在一起，能够起到固土的作用。

（4）净化大气

森林能够净化大气主要是通过滞尘作用以及对污染物的降解。粉尘在大气污染物中占很大的比例，而森林恰恰能够对它起到吸收、阻挡和过滤的作用。森林中的树林一般树叶茂盛，枝干高大，能够降低风速，从而一部分大颗粒的灰尘因为风速的降低和自身的重力下沉落到地面。同时又由于树叶表面多绒毛，粗糙不平，还带有一部分黏性物质，能够吸收、滞留一部分灰尘，所以就能够使大气中含尘量降低。污染物通常是指工业和生活中排放的二氧化硫、一氧化氮等有毒气体。森林树木可以对这些有毒气体起到吸收净化的作用，通过叶片上的气孔和枝条上的皮孔固定有害物质，经过一系列的生物化学反应，能够把有毒物质转化为无害物质，或者储存在树木体内，或由根系转运到土壤中，再通过根系微生物的吸附和降解，起到对大气和环境的净化作用。

（5）维持生物多样性

森林生态系统本身就是生物多样性的重要组成部分，形式各样的森林生态系统将建造生境和系统的多样性，森林生态系统本身独特的小气候，为不同种类的动植物提供了适宜的生存条件，而森林生态系统本身包含丰富的不同种类的植物资源，这些植物资源又为各种动物繁衍生息提供了不可缺少的食物以及场所。森林和湿地是野生动植物的理想栖息地，全世界近 2/3 的生物种生活在森林里，1/4的物种生活在湿地，这些物种种类是人类最宝贵的资源和财富。所以，生物的多样性，由于森林生态系统的生存条件及其自身的多样性，可以得到很好的维持。

3.2.2 森林的经济价值

森林不仅能够产出木材，还可以提供果品、木本粮油、工业原料等，源源不断地为人民生产生活提供可再生的原料，有着巨大的经济价值。

（1）提供木材

从植物学的角度看，木材是指维管形成层向内发展出的植物组织，为木本植物所特有。在生产上，木材是指树木砍伐后，经过加工，可供生产生活使用的材料。由于获取和加工比较容易，木材自古以来就是建筑、工业和家具制造等重要的原材料，木材还可以用来造纸和作为薪炭材，在人们的生产生活中起着重要作用。

根据联合国粮农组织的统计，2011 年全球共生产木材 34. 69 亿立方米，其中薪炭材 18. 91 亿立方米，工业原料 15. 78 亿立方米。在工业原料材里有 4. 06 亿立方米锯材，即木材伐倒后锯制成的各种规格的板材和方材。全球共生产各类人造板 2. 88 亿立方米，其中单板和胶合板 0. 97 亿立方米，刨花板、锯末板和纤维板共 1. 91 亿立方米。木质纸浆 1. 73 亿吨，其他纤维纸浆 0. 18 亿吨，废纸纸浆 2. 11 亿吨。全球共造各类纸和纸板 4. 03 亿吨。可见木材为人类社会创造了巨大财富。

（2）提供水果和干果

水果是含水量较高且有甜味的植物果实。严格意义上讲，西瓜、草莓等草本植物的果实不能算作森林产品，只有柑橘、苹果、葡萄等果树或木本植物的果实才是真正意义上的森林产品，但在生产、消费、管理和科研等环节，常把它们等同地看待。水果由于含有大量糖分、果酸、维生素、矿物质及其他营养成分，是人们日常生活中必不可少的食品。

干果是指成熟或加工后水分含量较少的植物果实（如大枣、柿子）和种子。根据种子的植物学性状，可以分为荚果（豆类的果实）、坚果（核桃、板栗、榛子等）、颖果（禾本科植物的果实）和瘦果（向日葵等）。干果含有较多的维生素、植物脂肪和蛋白质，具有较高的营养价值，除作为日常膳食的补充外，还可加工成多种休闲食品。

（3）生产木本粮油

木本粮油树种的果实或种子富含淀粉或油脂，大多数可以作为果品使用，或加工成食用淀粉、工业用淀粉、燃料乙醇、食用油和生物柴油等产品。如栎类、柿、枣等的果实是优良的食品；油桐、油茶、油橄榄、核桃等可制成食用油或工业油脂。

我国耕地面积刚性短缺，粮油争地的严酷现实，使粮食安全、食用油安全和能源安全等问题日益凸显，这已成为需要高度重视的国家重大战略问题。木本粮油具有不与粮争地的显著特点，因此大力发展木本粮油产业，是缓解粮油供需矛盾、维护国家粮油安全的必然选择。木本粮油树种多为经济林种，经济效益较好，加快木本粮油产业发展，对促进农民增收，加快山区经济发展，推进新农村建设有积极意义。木本粮油产品营养丰富，既可以补充粮油的不足，又可以改善人们的膳食结构，提高人们的健康水平。同时，扩大木本粮油树种的栽培面积，还可以绿化荒山荒地，维护生态稳定。

（4）提供工业原料

森林还可以为工业生产提供橡胶、栲胶、天然漆、松香、软木等原材料，而且这些天然森林产品至今多数是人工无法合成的。

天然橡胶是由橡胶树割胶时流出的乳胶凝固和干燥后而制得的。橡胶树是大戟科橡胶树属落叶乔木，主要分布于南北纬10°以内的热带地区，我国云南、广西、广东、福建和台湾等地有栽培。

栲胶是由富含单宁的植物原料经水浸提和浓缩等步骤加工制得的化工产品，主要用于鞣质皮革，制革业上称为植物鞣剂。此外栲胶还可用作选矿抑制剂、锅炉水处理剂、钻井泥浆稀释剂和金属表面防腐剂，浓缩类栲胶也可作为木工胶黏剂。生产栲胶多用槲树、栓皮栎、麻栎、云杉等单宁含量高的树种的树皮。

天然漆又叫大漆、生漆，是从漆树割取的漆树液，含有高分子漆酚、漆酶、树胶质及水分等，具有防腐蚀、耐强酸强碱、防潮绝缘、耐高温、防霉杀菌等功能。在现代石油化工产业兴起之前，天然漆一直是人类建筑、家具等涂饰的主要原材料，在现代化工业中，制造防腐涂料，天然漆仍然有不可替代的作用。

松香是从松树的含油树脂去掉了挥发的松节油后的透明固体物质，是制造油漆、黏合剂、肥皂、纸、火柴等的工业原料，日常生活中可在电路板焊接时作助焊剂，在乐器上涂抹在二胡、提琴、马头琴等弦乐的弓毛上来增大弓毛对琴弦的摩擦。

软木是指栓皮栎的栓皮，其微观结构为许多横断面为六边形的木栓细胞呈蜂窝状排列，细胞腔内静止气体占单位体积的70%，相对密度为0.24，所以软木为轻质材料。软木具有不透气、不透水的特性，良好的气垫弹性使其具有减震功能，还具有优良的吸音、隔热、耐腐蚀、防潮、防磨、防火等性能。在高档家具、隔音装饰材料、航天器、冷冻设备绝热层制造中软木起着重要作用，在日常生活中可以用于制作软木塞。

（5）森林的间接经济价值

森林的间接经济价值，除去有森林生态系统及其影响范围内对人类有益的生态效益外，还应该包括由于森林生态系统的存在，对人们的生产生活各个方面起到的促进效益或减少损失的价值。

在农业生产中，由于森林的涵养水源、保育土壤、防止干热风、改善小环境的作用，可以有效促进作物生长，同时由于森林对生物多样性的促进，可以有效保护益虫益鸟等害虫天敌，减少农药使用量，对粮食丰产稳产起着十分重要的推动作用。

在发展工业的过程中，由于森林具有吸收二氧化碳、二氧化硫等工业排放气体的能力，可以减少甚至消除工业生产对自然环境的影响，从而为工业产品价值的实现拓展生态空间。

在城市中，每一单位面积的成形绿地可以使80～100倍面积的土地及其上建筑物因环境的改善而提高价值3%～6%，按此标准的低值计算，单位面积城市森林的土地增值是其耗用土地成本的2.4倍。

同时，由于森林为人们提供了宜居环境，使人们身心愉悦，减少疾病的发生，提高了人们的生活质量。

3.2.3 森林的社会价值

森林的社会价值，是指森林对人类社会生存和发展的意义。人类社会的社会性生存与发展，指人类区别于自然界其他生物的不同生存和发展需要。例如，人类不仅要求有能够满足作为自然物生存和发展所需要的自然环境，还要求这些自然环境悦目、有序，能够满足其自有活动的需要。这种不同于其他自然物的社会性需要，构成了森林特殊的价值基础。

（1）森林的政治和军事价值

一个国家的生态环境，特别是一个国家的森林覆盖率，已经成为衡量一个国家整体社会发展水平的重要指标。由于全球环境问题的日益凸显，人们越来越关注国家在对待生态环境问题上的态度，那些忽视生态环境的国家行为已经越来越多地遭到世界人民的反对。如果一个国家只重视经济发展而忽视生态环境的保护，这个国家生产的产品很可能遭到其他国家的抵制。在国际关系中，一个国家是否重视保护自己的生态环境，已经成为衡量这个国家和民族道德修养的重要标准。

从军事角度看，一个国家的森林覆盖率如何，对一个国家抵御外来侵略有着十分重要的作用。森林在掩护军事目标方面有着非常巨大的作用。无论是卫星遥感还是飞机近距离侦察，森林都能起到非常好的保护作用，使得敌人不能发现目标，从而争取时间，为取得战争胜利创造条件。

（2）森林的文化和美学价值

森林是文化创作重要的背景与源泉。森林以其物种的多样性、丰富性而能启发人们丰富的想象，成为文艺作品重要的背景和素材来源，从而丰富着人们的精神需求。在很多文学和艺术作品中，森林及在森林中发生的故事都是文学家和艺术家取之不尽、用之不竭的创作源泉。

森林不是林木个体的机械组合，而是由林木、林地以及与其互相作用的其他植物、动物、微生物、气候等因素组成的有机整体，这些森林自然物的形象、自然属性构成了森林自然美的物质基础。森林规模宏大，既可外赏，又可内观，内外景观不同，既是欣赏对象，又是欣赏环境，主体、客体、环境和谐统一。森林的美以绿色为基调，并包含有复杂结构的特殊生命世界，它们和谐共处，生生不息。森林的美包括植物的形体美、色彩美、韵味美，还包含动物、山水、声音等，这些构成不可分割的森林美的整体。人们欣赏森林美，既要体察森林整体的深厚、博大、神秘，又要领略森林的柔美和灵秀，并从中得到人生的启示。

（3）森林的科研价值与教育价值

森林有着丰富的生物资源和特定的生态环境，激发着人类的灵感和探索的欲望，围绕着森林已经形成了林学、生物学、生态学、园艺学等众多学科，森林也成为了这些学科研究的对象和实验的基地，特别是生物学、环境科学、林学、生态学和药物学等学科。围绕森林不仅形成了自然科学体系，也形成了关于森林的社会科学体系。例如森林经济学，该学科包括了森林资源价值核算、林业经济、森林政策学（包括森林政策、森林法律、森林行政管理）、森林文化学（包含森林历史、森林文学艺术、森林文化）等内容。

森林不仅对专业人员具有研究意义，还对普通人的教育有着重要价值。人们通过森林，可以认识生物的多样性，了解生物与人类、森林与城市环境的关系，从中获取知识，吸取自然科学的营养，增强对环境的保护意识，获得生态文化教育。因此，森林是人们接受科学教育的好课堂，也是实施生态文化教育的好地方，它不仅是一个拓展自然认知的科学圣地，也是一个激发人类灵感，启迪人类智慧，培养人们对自己乡土热爱的教育圣地，使人们在其中能够感受到自然的美，自觉地融入自然，从而能够促进人与自然和谐价值观的形成，在与自然互动的过程中，提高人们的生态文化意识和有效参与能力，普及森林及生态环境保护的知识与技能。

3.3 森林的分类

森林资源分类是根据森林在国民经济和人民生活中所起的作用和本身的特性所做的类别划分。森林资源分类有多种途径，如按森林的作用的分类，按人为影响的程序的分类，按林木特征的分类，按森林的自然属性的分类等。

3.3.1 按森林的作用的分类

中国森林法规定将森林划分为如下5类。①防护林：以防护为主要目的的森林、林木和灌木丛；②用材林：以生产木材为主要目的的森林和林木；③经济林：以生产果品、食用油料、饮料、调料、工业原料和药材等为主要目的的林木；④薪炭林：以生产燃料为主要目的的林木；⑤特种用途林：以国防、环境保护、科学实验为主要目的的森林和林木。

（1）防护林

防护林是为了保持水土、防风固沙、涵养水源、调节气候、减少污染所经营的天然林和人工林，是以防御自然灾害、维护基础设施、保护生产、改善环境和维持生态平衡等为主要目的的森林群落。根据其防护目的和效能，防护林（林分指林木的内部结构特征）分为水源涵养林、水土保持林、防风固沙林、农田牧场防护林、护路林、护岸林等。

在一定的自然地理区域或一定范围内，依据地形条件、土地利用状况、主要自然灾害发生和人们生产活动情况，在当地发展生产总体规划的基础上，结合田边、道路、水利设施和居民点四旁植树，与速生丰产用材林、经济林、薪炭林各林种的布局配合，合理规划配置并形成防护林的综合体，即称为防护林体系。这一体系的各个组成林种在配置和布局上要相互协调，在林分的形式上可以林带、片林、林网相结合，乔木、灌木、种草相结合。各个林种要相互补充与完善，使防护林体系形成一个有机整体，发挥最佳的经济效益。对于特定的自然地理区域，因为影响当地生产、生活的主要自然灾害多是明显的类型（如水土流失、风沙、干旱风等），所以为此规划的防护林体系多以某一林种为主体。如水土流失地区以水土保持林为主体，在风沙地区，以农田防护林为主体，结合其他林种，构成当地的防护林体系。为了提高防护林体系的总体效益，在规划配置上要考虑以最小的林业占地面积发挥最大的防护效益。因此，应确定合理的防护林覆被率。一般在平原农地或草原牧场，覆被率在5%～10%为宜；在山地丘陵区，一般不宜小于30%。要注意防护林体系内各个林种空间分布上的均匀度和合理性。

在防护林林分树种组成结构上，除了考虑各组成树种生物学的稳定性外，应发挥其最大的防风、固沙、保持水土和调节径流的作用，同时，也应考虑当地立地条件（指影响林木生长的气候、地形、地质、土壤、植被等环境条件的总称）和适生植物的种类。如我国在“三北”防护林工程的树种组成配置工作中明确提出了草类、灌木、乔木相结合的原则。一些环境条件较好的农区、沿海地区或具有灌溉条件的地区，防护林体系的树种组成和经营有向多层次、多形式、多目标发展的趋势，以便充分地利用土地等自然资源，不断提高生产力。如强调农林混作、泡桐与粮食作物间作和多种经济作物的混作，以及同牧草栽培结合等。这种立体林业的防护林体系，既可发挥植物群体相互依存，克服不良条件的影响，提高其防护效益，又可充分发挥土地生产潜力。

（2）用材林

用材林是以培育和提供木材或竹材为主要目的的森林，是林业中种类多、数量大、分布普遍、材质好、用途广的主要林种之一，可分为一般用材林和专用用材林两种。前者指培育大径通用材种（主要是锯材）为主的森林；后者指专门培育某一材种的用材林，包括坑木林、纤维造纸林、胶合板材林等。培育用材林总的目标是速生、丰产和优质。速生是缩短培育规定材种的年限；丰产指提高单位面积上的木材蓄积量和生长量；优质主要包括对干形（通直度、尖削度）、节疤（数量、大小）及材性（木材力学特性、纤维素含量等）等方面的要求。集约经营用材林有可能缩短培育年限的一半，但仅在部分条件较好、生产潜力较大的林地上采用。对这部分集约经营的森林（以人工林为主）称为速生丰产用材林。经营速生丰产林的业务称为高产林业或种植园式林业。

用材林的分布一般集中于中高山或深山区，多为原始林或次生林。用材林是森林采伐、森林加工工业发展的可靠保证和重要的木材、竹材供应基地。按其经营目的或用途不同，分为一般用材林，纤维用材林，人造板和纸浆用材林，锯材、坑木、枕木、矿柱和电柱等用材林。衡量用材林林分质量高低的重要指标有：单位面积上立木蓄积量和出材率、材质、经济价值等。在中国，组成用材林的优势树种为针叶树中的落叶松、云杉、冷杉、华山松、柏木、樟子松、油松、马尾松、云南松、杉木等，以及阔叶树中的樟木、楠木、水曲柳、胡桃楸、黄波罗、栎类、桦木、杨树、杂木等。

（3）经济林

经济林是以生产除木材以外的果品、食用油料、工业原料和药材等林产品为主要目的的森林，主要为利用树木的果实、种子、树皮、树叶、树汁、树枝、花蕾、嫩芽等，以生产油料、干鲜果品、工业原料、药材及其他副特产品（包括淀粉、油脂、橡胶、药材、香料、饮料、涂料及果品）为主要经营目的的乔木林和灌木林，是有特殊经济价值的林木和果木，如木本粮食、木本油料、工业原料特用林等。

（4）薪炭林

薪炭林是指以生产薪炭材和提供燃料为主要目的的林木（乔木林和灌木林）。薪炭林是一种见效快的再生能源，没有固定的树种，几乎所有树木均可作为燃料。通常多选择耐干旱瘠薄、适应性广、萌芽力强、生长快、再生能力强、耐樵采、燃值高的树种进行营造和培育经营，一般以硬材阔叶为主，大多实行矮林作业。

薪炭林树种应具有生长快、适应性和抗逆性强、热能高、易点燃、无恶臭、不释放有毒气体，不易爆裂等特点。由于这些树种大多栽在比较贫瘠的立地上，且轮伐期短，对地力消耗较大，所以所选树种还应有改良土壤的作用，如豆科及其他有固氮能力的树种。中国北部和西北部的刺槐、沙棘、沙枣，南方的铁刀木、银合欢、相思树、木麻黄，西南地区的桤木等均宜营造薪炭林。

（5）特种用途林

特种用途林，是以国防、环境保护、科学实验等为主要目的的森林和林木，包括国防林、实验林、母树林、环境保护林、风景林，以及名胜古迹和革命纪念地的林木、自然保护区的森林。

3.3.2 按人为影响的程序的分类

通常将森林分为原始林、次生林和人工林三类。原始林位于边远地区，基本上不受人为的影响。次生林是原始林经过人为的干扰破坏以后，通过林木的自然更新再度发生的森林。人工林是人为地采用播种或植苗的方式营造的森林。

（1）原始林

原始林由原生裸地发生的植物群落，通过一系列原生演替形成的森林。原始林是从未进行过经营活动或破坏的天然林。原始林通常是顶级群落，是最稳定的森林。

原始林又称原生林或天然林，是在不同的原生裸地上，经过内缘生态演替，逐步趋同，最后形成地带性（或区域性）过熟而稳定的森林植被，是未经人工培育、更新改造或人为破坏而仍保持自然状态的森林。它是长期受当地气候条件的作用，逐渐演替而形成的最适合当地环境的植物群落，生物与生物之间，生物与环境之间达到了和谐统一，成分十分复杂的森林生态系统。原始林在年龄结构上通常呈异龄性，林中有不同生长、发育阶段的群体；具有多层次的林层结构，上有大径级树木构成的主林层，下有中小径木组成的次生林层，林下还有幼苗树聚成的更新层；具有相应原始林的灌木与草本植物及多样的野生动物；原始林中还常可见到上层有高大的枯立木，地面上有腐朽程度不同的粗大倒木与松软深厚的枯落物层。这些特征都是原始林在各种自然干扰下长期发展的结果，有着其自然的合理性。原始林分为寒温带原始林、温带原始林、暖温带原始林、亚热带原始林和热带原始林等类型，一般多属成熟林或过熟林，其特点是林龄大，生长发育较稳定，年生长量低，自然枯损数量大等。

全世界原始林绝大部分集中分布于人烟较为稀少的热带地区和高纬度寒温带地区。人口较为稠密、垦殖利用程度较高的温带、亚热带地区，森林破坏较为严重，原始林已属罕见。热带地区的亚马孙河和刚果河流域及东南亚的苏门答腊、加里曼丹、新几内亚等地，分布着面积广大的热带原始林，特别是亚马孙河流域拥有世界上最大的热带原始林。寒温带地区北纬55°以北的亚欧大陆北部（以西伯利亚和东北欧为主）、北美洲北部（以加拿大为主）是世界上森林资源最丰富的地区，以寒温带针叶林为主，且多属原始林。中国的原始林主要分布于东北、西南林区和藏东南峡谷林区等边远地区。

（2）次生林

次生林是原始森林经过多次不合理采伐和严重破坏以后自然形成的森林。与原始林一起同属天然林，但它是在不合理的采伐、樵采、火灾、垦殖和过度放牧后，失去原始林的森林环境，为各种次生群落所代替。人工林采伐迹地上栽培树种的萌生林、入侵树种形成的混交林也属次生林范畴。

我国森林中次生林占相当大的比重，其面积约占全国森林面积的一半，且大部分林区均有分布，但其主要树种有一定差异。如大兴安岭寒温带针叶林区中的兴安落叶松，经火灾或砍伐破坏后，往往形成次生白桦纯林或以其为优势的次生混交林。东北的东部山地温带针叶、落叶阔叶混交林，在遭破坏后形成以蒙古栎、黑桦、紫椴、黄菠萝、水曲柳、胡桃楸、白桦、山杨等为主的次生落叶阔叶林。秦岭、淮河以南，长江中游和汉江上中游两侧的山地丘陵地区，因人类的长期活动，天然林仅见于局部海拔较高的地方，现大部分地区多为以马尾松为主的次生林和部分人工栽培的杉木林。祁连山中段的针叶林，在遭受破坏后多形成为山杨、白桦次生林。为提高林分的生产率和改善林分的质量，对次生林必须全面规划，因地制宜，以抚育为主，抚育、改造、利用相结合，使其尽快成为重要的后备森林资源。

（3）人工林

人工林是采用人工播种、栽植或扦插等方法和技术措施营造培育而成的森林。根据其繁殖和培育方法的不同，一般分为播种林、植苗林和插条林等。按林种分为人工用材林、人工薪炭林、人工经济林、人工防护林等。按树种分为人工马尾松林、人工杉木林、人工杨树林、人工桉树林等。人工林均按一定的目的要求和人们需要的林种，集中营造在交通较为方便的地方，并普遍采取选育良种、适地适树、密度适中、抚育管理等集约经营措施进行营造和培育。与天然林相比，人工林具有生长快、生长量高、开发方便和获得效益早，木材规格、质量较稳定、便于加工利用等特点。我国人工林达 5325 万公顷，居世界第一位。关于人工林的营造，在造林方法一节有专门介绍。

3.3.3 按林木特征的分类

人们常根据优势树种对于森林资源进行分类，并且可以依据优势树种的分类地位制定出多极的分类系统。例如，首先森林资源可分为针叶林和阔叶林，而针叶林可按照优势树种的属，分为松林、落叶松林等，松林又可分为油松林、红松林、马尾松林等。除此以外，还要考虑各树种的构成比例，按此特征可将森林资源分为纯林和混交林两大类。天然林大多数是混交林，但在气候和土壤条件相对恶劣的地方，也可能形成纯林。人工林大多数是纯林。

区分森林资源的另一重要林木特征是林木的起源。凡林木是种子更新起源的，称之为实生林；凡是以无性更新方式起源的，称为萌芽林或无性繁殖林。

年龄亦是区分森林资源的重要林木特征。根据龄级（多数以 20 年为一个龄级，有时以 10 年或 5 年为一个龄级，随树种的生长快慢和经营强度而定）划分年龄阶段。通常划分为幼龄林、中龄林、近熟林、成熟林和过熟林 5 类。成熟林和过熟林是当前可以采伐利用的资源，幼龄林、中龄林和近熟林则是后备资源或称经营资源。

3.3.4 按森林的自然属性分类

林木特征是森林的自然属性，但随着对森林的研究的深入，要求对于森林资源进行更加科学地分类。对此，分类的途径和方法也多种多样，大体可分为植被学途径、立地学途径和生态系统的综合途径三大类。

（1）植被学途径

中国植被学家以植被型、群系和群丛为基本的分类单位。此外，还有一些辅助单位，如属于森林的针叶林和阔叶林就是两个大的植被型组（植被型组就是一个辅助单位）。在针叶林中，可划分出寒温性针叶林、温性针叶林、温性针阔叶混交林、暖性针叶林、热性针叶林等 5 个植被型。在阔叶林植被型组中，区分为落叶阔叶林、常绿落叶阔叶混交林、常绿阔叶林、硬叶常绿阔叶林、季雨林、雨林、珊瑚岛常绿阔叶林、红树林、竹林等 9 个植被型。基层的分类单位群丛，则要求以群落中各层的植物成分和环境条件都相同作为划分的条件。

（2）立地学途径

按照立地条件的特点对森林进行分类也是许多国家的常见做法。这种方法既可以应用于无林地，也可以应用于有林地。对于山地条件，中国很多地区采用了诸如海拔、坡向和土层厚度这类因子，划分的土地单元通常称之为立地条件类型。

（3）生态系统的综合途径

森林是一个生态系统，采用综合的观点对森林进行分类是最合理的，目前很多国家都在尝试，并取得了一定的成就。

3.4　森林保护与生态安全

森林时刻在受到病虫害、森林火灾等因素的威胁，稳定的森林生态系统与我们的生态安全息息相关，了解森林病虫害发生的规律，掌握森林病虫害防治方法，了解森林火灾发生及扑救的知识，对于维持森林生态系统，保障生态安全有着重要意义。

3.4.1　森林病害及其防治

森林病害是指病原生物或不良的气象、土壤等非生物因素使林木在生理、组织和形态上发生的病理变化，可导致林木生长不良，产量、质量下降，甚至引起林木枯死和生态条件的恶化。

（1）致病因素

由寄生性生物所致的病害具有传染性，称侵染性病害。由不良的非生物因素所致的病害无传染性，这称为非侵染性病害。

引起林木病害的生物主要有病毒、类菌原体、细菌、真菌和寄生性种子植物等，其中真菌所致病害种类最多，占森林病害中的80%以上。历史上森林的许多毁灭性病害都是真菌引起的。细菌对森林的为害远比真菌轻，已知的严重细菌性林木病害只有杨树细菌性溃疡病、青枯病等少数几种。病毒主要侵害阔叶树种，引起花叶病和枯斑，但很少为害裸子植物。类菌原体于1967年首先发现于泡桐、桑等植物的韧皮部细胞中，现已知它能引起几十种木本植物的病害，其中包括泡桐丛枝病、枣疯病、美国榆韧皮部坏死等。近十几年的研究表明，过去认为是病毒引起的许多林木病害多与类菌原体有关。森林中最重要的寄生性种子植物为桑寄生、槲寄生和油杉寄生。它们寄生于林木枝干上，可使林木发生肿瘤、枯枝或全株枯死，对热带和亚热带地区的森林和经济林为害尤大。线虫侵害苗木和林木根部，引起肿瘤，或侵入输导组织引起枯萎。各种病原物侵入林木后，即在体内扩展，其中多数都只导致局部性病害，有些如病毒和类菌原体等则往往扩及全株，造成系统性病害。病原物在自然界主要依靠风、雨和昆虫等外力进行传播。有些病原物如桑寄生的浆果为鸟类所喜食，种子经鸟类消化道后仍能保持正常的萌发能力，因而能随鸟类传播。

导致林木病害的非生物因素主要是过低的温度、旱、涝、盐碱及土壤中缺乏某些必需的营养元素等。此外由环境污染造成的病害也日渐增多。钢铁厂、煤油厂、炼铝厂、焦化厂等排放出来的二氧化硫和氟化物是最普遍的空气污染物，林木受氟和硫化物毒害后，首先是叶部边缘和尖端出现褐色或红褐色斑块，后逐渐扩大，严重时引起落叶，甚至全株枯死。

侵染性病害与非侵染性病害由于致病机制不同，在发生发展的规律和防治方法上都有原则差异。但二者又往往互有联系，相互影响。受侵染性病害侵染的林木对不良环境条件的适应能力较低，被不良环境因素削弱的树木也更易于受寄生物的侵袭。中国华北地区从 1979 年开始的干旱，使油松的抗病力大大降低，导致 1982 年枝枯病大流行，中、幼龄林木大量枯死，就是典型的例子。

（2）常见森林病害

森林病害种类繁多，但经常造成严重损失的却为数有限。据中国对主要造林树种病害种类调查的结果表明，属于这一类的病害不过百种左右，最典型的有以下几种。

1）幼苗猝倒病（立枯病）：该病是苗圃中威胁最大的病害，几乎见于所有苗圃和育苗温室，针、阔叶树种均可感染。出土一个月之内的针叶树幼苗最易受害，未木质化的幼苗受侵袭后迅速倒伏，木质化的苗木根系腐烂，地上部枯死。病原主要是丝核菌属、镰刀菌属和腐霉属的一些种。寄主范围很广，对环境适应性强，能长期生活在土壤中，不易根除。前作为棉花、马铃薯、瓜类等农作物时，土壤中病菌积累多，苗木易发病；出苗期间多雨、灌水过多，苗床低洼、土壤黏重、排水不良时也能促其发病。

2）松类疱锈病：为害各种年龄的松树，以幼树受害最重。病菌先侵染针叶，然后由针叶进入枝干，所以凡生针叶的枝干均可能发病。被害枝干的症状因病菌种类的不同而表现为肿瘤、梭形肿大或溃疡。春、夏季病部皮层开裂，出现黄色疮状物，疮破后散出大量黄色粉末，即病菌赖以传播的孢子。病原是真菌中的锈菌，约10余种，主要属柱锈属，其中以茶藨子柱锈菌和梭形疮锈菌为害最重。美国五针松、白山松、红松、糖松等五针松类对茶藨子柱锈菌高度感病，瑞士五针松、新疆五针松等抗病性较强。五针松疱锈病流行于欧洲、北美和亚洲东北部地区，曾造成欧美大片人工林和天然林的毁灭。20世纪50年代，日本有的地方用美国五针松营造的人工林因遭受此病害而毁灭。中国东北地区的红松幼林和韩国的美国五针松人工林也曾因此病而受到严重损害。梭形疱锈菌为害两针松类，主要流行于美国南部的湿地松和火炬松林，被害幼苗多枯死，幼树主干受病后形成梭形肿瘤和溃疡斑，生长不良，且易风折。柱锈属真菌都是转主寄生菌，没有中间寄主便不能完成其生活史（见锈病）。

3）烂皮病：见于各种针、阔叶林，多由真菌引起。被害枝、干的树皮局部变褐、发软，最后坏死、干裂或下陷，枝干被病斑环绕一周后枯死。如林木抗病力增强，病斑外围可形成愈伤组织，限制病菌扩展。板栗疫病是烂皮病的一种，是最严重的森林病害之一。19世纪该病随引种亚洲栗类苗木而传入美国。由于当地原产的美国板栗对此病极其敏感，造成病害大流行，损失惨重，至今未能恢复。此病在欧洲造成的损害较美洲轻。中国、日本和朝鲜的栗林中虽也有此病发生，但因所栽栗类具有较强抗性，受害很小。病菌主要通过细小伤口侵入，在枝干上引起典型的烂皮病斑，剥开病皮可见扇形菌丝片。

4）枯萎病：林木受病后，起初往往是日间呈萎蔫状，夜间因蒸腾量减少而暂时恢复。病害进一步发展则呈永久性枯萎。旱、涝、真菌和细菌等各种因素都可引起。真菌或细菌侵染维管束后，因机械堵塞作用使水分不能正常运输到枝叶，或由于病菌分泌有毒物质使林木中毒而枯萎。榆荷兰病是最著名的林木枯萎病，因对此病的早期研究主要在荷兰而得名。病害症状初现于树的嫩梢或嫩枝，叶片萎蔫，嫩枝枯死，并迅速蔓延至大枝。全株1～2年内枯死，较小植株则可在感病后数周内即枯死。病枝横断面的外层年轮上有许多黑点，排列成一个环圈，是此病症状的一个重要特征。病菌主要由大棘小蠹和榆波纹棘胫小蠹等昆虫传播。此病自1918年在法国发现以来，先是流行于欧洲，20世纪30年代末传入北美洲，数十年内毁灭了大量的庭园树和行道树。1970 年至 1975 年，仅英格兰因病死亡的榆树即达 1720 万株以上。迄今中国尚未发现此病，但此病是重要检疫对象。

5）丛枝病：林木受害后局部枝条丛生有如鸟巢，见于多种针、阔叶树种，如泡桐、枣树（枣疯病）等，由类菌原体和真菌所致。类菌原体引起的丛枝病是系统性的，病害由个别枝条开始，逐渐扩及全株。真菌所致病害只发生局部扩展，丛枝症状仅表现在直接受侵染的个别枝条上。枝条受害后，因顶芽生长受到抑制而刺激侧芽提前萌发成的小枝，不仅生长缓慢，且其顶芽不久也受到病原物的抑制，而刺激其侧芽再萌发成小枝，如此反复进行，使枝条呈丛生状。

6）叶斑病：在森林中极为普遍，种类复杂，但一般不酿成严重灾害。受害叶片上出现坏死枯斑，大小、形状、颜色因病害种类而异。严重发病时提前落叶，林木生长量下降。落叶松早期落叶病是中国东北地区和朝鲜人工落叶松林的重要病害。病菌每年 6 月开始侵害针叶，病叶上生一个至数个黄色小斑点，逐渐扩大为红褐色斑段。8 月中下旬即大量落叶，比正常树木提前 30 ~ 50 天。病菌在落叶上过冬，次年再侵害新叶。兴安落叶松、长白落叶松（见落叶松）和朝鲜落叶松为感病树种，日本落叶松较抗病。此病大多由真菌和细菌所致，风或雨为传播介质，蔓延很快。一般采用喷洒化学药剂方法进行防治。

7）立木腐朽：该病是各种成熟林、过熟林分最突出的病害。在中、幼龄林中虽然也有发生，但一般为害不重。此病具有多年延续的特性，树木一旦受到侵染，病菌便在体内逐年扩展，所致腐朽的程度随林龄的增长而加重，直至林分自然更替。在中国东北和西南地区的成熟、过熟原始林中，腐朽株率一般高达 50% 以上。

（3）森林病害防治

对森林病害宜以防为主，综合治理。目前防治措施主要应用于苗圃、幼林、经济林、防护林、风景林及庭园绿化树木。原始森林和一般成林由于林木高大、面积宽，且往往地处偏远，很难采取专业性防治措施。防治方法包括加强检疫、营林防治、化学防治和选育抗病树种等。营林防治的目的在于通过提高经营管理水平，保持林木旺盛的生活力，这是防治病害的根本措施，其主要内容有适地适树营造混交林、适时抚育、清除病树和受病枝叶等；而及时发现和清除病害发源地是防止病害蔓延的关键。山火、放牧、随意刮皮等是引起林木机械损伤、导致病菌从伤口侵入的重要诱因，应当禁止或加以限制。此外，清除林地和苗圃周围锈病菌的中间寄主，在一定条件下可收到防除林木锈病的效果。在生产实践中，以营林为基础，结合其他措施，相辅相成，可收到防止灾害，最大限度地保持生态平衡的功效。

3.4.2 森林虫害及其防治

昆虫是森林生态系统中必不可少的部分，但多数昆虫以树木和其他植物为食，大面积发生会造成虫害，除直接造成木材及林产品的损失外，还是传播病害的媒介。了解森林虫害的基本知识和发生规律，采取综合防治措施，是保障森林生态系统稳定的必要手段。

（1）食叶害虫

食叶害虫是以叶片为食的害虫，主要为害健康植物，其幼虫取食叶片，常咬成缺口或仅留叶脉，甚至全吃光。少数种群潜入叶内，取食叶肉组织，或在叶面形成虫瘿，如黏虫、叶蜂、松毛虫等。由于多营裸露生活，其数量的消长常受气候与天敌等因素直接制约。这类害虫的真成虫多数不需补充营养，寿命也短，幼虫期成为主要摄取养分和造成为害的虫期，一旦发生为害则虫口密度大而集中。又因真成虫能做远距离飞迁，故也是这类害虫经常猖獗为害的主因之一。幼虫也有短距离主动迁移为害的能力。某些种类常呈周期性大发生。

（2）蛀干害虫

蛀干害虫就是钻蛀树干和枝桠，取食韧皮部和木质部，造成树木生长衰弱甚至枯死的害虫，主要有鞘翅目的小蠹、天牛和吉丁虫，鳞翅目的木蠹蛾和透翅蛾，膜翅目的树蜂等。蛀干害虫的生活周期多在树干内隐蔽，初期症状不明显，一旦受害，防治十分困难，很难恢复。蛀干害虫多为害树势衰弱的树木，多为次期性害虫，在其他病虫害发生中后期危害，加速树木的衰弱和死亡。气候不适、土壤水分失调、营养障碍等因素常能引起这类害虫的大发生。

（3）地下害虫

地下害虫是一生或一生中某个阶段生活在土壤中为害植物地下部分、种子、幼苗或近土表主茎的杂食性昆虫，种类很多，主要有蝼蛄、蛴螬、金针虫、地老虎、根蛆、根蝽、根蚜、拟地甲、蟋蟀、根蚧、根叶甲、根天牛、根象甲和白蚁等。树木受害后轻者萎蔫，生长迟缓，重者干枯而死，造成缺苗断垄，以致减产。有的种类以幼虫为害，有的种类成虫、幼（若）虫均可为害。为害方式可分为3类：长期生活在土内为害植物的地下部分；昼伏夜出在近土面处为害；地上地下均可为害。

地下害虫的体形多为长形和纺锤形，身体色素退化，某些器官发生适应性变化，如蝼蛄的前足特化为开掘足，适宜在土中掘土前进，有的种类鞘翅或眼退化。在土中垂直活动的规律表现出明显的季节性，主要是由于地下害虫对土温、土湿的敏感反应。冬夏表土层温湿度条件不适就向深层移动，春秋则由深层向表土层上移，而这时一般正值植物的苗期阶段，从而为它们提供了充足的食料条件。

（4）林木虫害综合防治

森林虫害的防治要坚持预防为主的方针，在制定预防措施时，要统筹兼顾，采取综合防治措施。根据现代生态学理论，以林业防治技术措施为基础，以森林植物检疫为重要手段，以生物治理为重点，采取多种有效措施，发展森林生物群落中不利于虫害发生而利于林木健康生长的因素，培育健壮林分，优化森林整体环境，把生态治理和森林经营紧密结合起来，既促进林业生产，获得较好经济效益，又符合可持续发展战略，取得可喜的社会效益。

在造林时，应采取各种选育措施，在适地适树的前提下，选择抗病虫能力强的树种进行育苗和栽培。人工林营造时，要采用科学合理的混交方式，营造复杂种群，形成良好的林地环境，抑制或控制虫害的发生。采取封山育林措施，加快森林生态系统的形成，完善生物群落，提高林木的自我保护性能。保护天敌，给有益生物良好的生存环境，用生物技术维持森林环境。运用科学方法，检测病虫发生发展动态。要对种子、苗木、其他繁殖材料及木材的调运加强管理，采取严格的检疫措施。虫害发生时，根据森林虫害的客观调查，制定治理目标，选择正确方法并合理组合，采取物理防治、化学防治和生物防治结合的手段，形成科学的防治方案，实现森林虫害的有效防治。

3.4.3 森林防火

森林火灾是森林最危险的敌人，也是林业最可怕的灾害，它会给森林带来最具危害、最具有毁灭性的后果。森林火灾不但烧毁成片的森林，伤害林内的动物，而且还降低森林的更新能力，引起土壤的贫瘠和破坏森林涵养水源的作用，甚至导致生态环境失去平衡。

（1）森林火灾的种类及分类

1）根据森林火灾燃烧的中央地点、蔓延速度、受害部位和程度，大致可把森林火灾分为地表火、树冠火和地下火三大类。

a. 地表火：地表火又叫地面火，主要沿林地面扩展蔓延，烧毁地被物。地表火能烧毁地表1.5米以下的幼苗、幼树、灌木，烧伤乔木树干基部的树皮表层以及靠近地面的根系。林木受害后，长势减弱，容易引起病虫害的大量发生，严重影响林木的生长，导致木材材质变劣，有时甚至造成大片森林枯死。

b. 树冠火：沿树冠蔓延的火叫树冠火。上部烧毁树叶，烧焦树枝和树干；下部烧毁地被物、幼树和下木。树冠火有两种类型，一种是连续型，即当树冠连接不断时，火沿树冠前进。另一种是间歇型，树冠不连续分布，由于大气对流强，猛烈的地表火上升为树冠火，当树冠不连续时，又降为地表火，起伏前进。树冠火对森林破坏最大，多发生在针叶幼林、中龄林或异龄林内。

c. 地下火：地下火是指林地土壤中粗腐殖质层有机物质（包括泥炭等）燃烧所发生的火灾。一般有腐殖质层或泥炭层的林区才能发生，故又称腐殖火、泥炭火或越冬火（冬季烧至翌年春天），在森林火灾中发生概率约为1%，一般发生在高纬度地区，特别是干旱的季节和针叶林内，如大、小兴安岭，南方较少。这种火的特点是：无火焰，只有烟，燃烧时间长，圆形冒烟，可烧至岩石层、地下水层；蔓延缓慢，每小时4~5米，一昼夜可烧几十米；温度高，持续时间长，破坏性大，很难扑救；火烧后，根系被烧掉，树木枯黄而死，强风一吹林木便倒，从而出现林间空地。迹地为环形。

2）以受害森林面积大小为标准，森林火灾分为以下四类。

a. 森林火警：受害森林面积不足 1 公顷或其他林地起火（包括荒火）。

b. 一般森林火灾：受害森林面积 1 公顷以上，不足 100 公顷的。

c. 重大森林火灾：受害森林面积 100 公顷以上，不足 1000 公顷的。

d. 特大森林火灾：受害森林面积 1000 公顷以上的。

（2）森林火灾的起火原因

森林火灾的起因主要有人为火和自然火两大类。

1）人为火：

a. 生产性火源：农、林、牧业生产用火，林副业生产用火，工矿运输生产用火等。

b. 非生产性火源：如野外炊烟、做饭、烧纸、取暖等。

c. 故意纵火：燃烧干草、燃放爆竹礼花等。

在人为火源引起的火灾中，以开垦烧荒、吸烟等引起的森林火灾最多。在我国的森林火灾中，由于炊烟、烧荒和上坟烧纸引起的火灾占了绝大多数。

2）自然火：包括雷电火、自燃等。由自然火引起的森林火灾约占我国森林火灾总数的 1%。

（3）森林火灾的预警

森林火灾为害大，扑灭困难，所以在火灾还在萌芽状态立即扑灭它就显得尤为重要。森林火灾因为常常处在深山老林中，不易发现，故而尽早发现火灾对于及时扑灭火灾具有重要意义。

瞭望台监测，即通过瞭望台来观测林火的发生，确定火灾发生的地点，报告火情。它的优点是覆盖面较大、效果较好。不足之处是无生活条件的偏远林区不能设瞭望台；观察效果受地形地势的限制，覆盖面小，有死角和空白，观察不到，对烟雾浓重的较大面积的火场、余火及地下火无法观察；雷电天气无法上塔观察；瞭望是一种依靠瞭望员的经验来观测的方法，准确率低，误差大；另外，瞭望员人身安全受雷电、野生动物、森林脑炎等的威胁。

建立视频监控系统是目前国内主流的监控方式。这是传统城市监控的简单延伸，将采集视频图像通过微波汇总，由人工完成集中监视。不足之处是人工监视易造成肉眼疲劳，视频中的火情不易被查觉，造成漏报；监控中心的视频线路较多，人工监视也无法一一监看，易造成漏报。所以，传统视频监控的最大缺点是漏报率非常高。传统视频监控是非数字化系统，许多智能应用无法实现。

建立智能预警系统是森林防火的发展方向，该系统实现了森林防火的智能化和信息化。智能预警系统利用无缝融合智能图像识别技术、面向对象的 3D GIS 技术、大型网络监控技术等高新技术和专利技术，结合林业管理的专业知识和林业防火的经验，建立林业防火智能监测预警及应急指挥系统，从而实现林区视频的自动监控、烟火准确识别、火点精确定位、火情蔓延趋势推演、扑救指挥的辅助决策、灾后评估等多方面功能，建立森林防火的完整业务链，并针对性地满足用户的各种个性化需求。

（4）森林火灾的扑救

扑火时强化扑火组织。一是派有扑火经验的同志担任前线指挥员。二是临时组织的扑火人员，必须指定区段和小组负责人。三是明确扑火纪律和安全事项。四是检查扑火用品是否符合要求，扑火服是否宽松、阻燃。五是加强火情侦察，组织好火场通信、救护和后勤保障。六是从火尾入场扑火，沿着火的两翼火线扑打。七是不要直接迎风打火头，不要打上山火头，不要在悬崖、陡坡和破碎地形处打火，不要在大风天气下、烈火条件下直接扑火，不要在可燃物稠密处扑火。八是正确使用扑火机具。

扑火时要注意脱险自救方法，及时退入安全区。扑火队（组）在扑火时，一是要观察火场变化，万一出现飞火和气旋时，组织扑火人员进入火烧迹地、植被少、火焰低的地区。二是按规范点火自救。要统一指挥，选择在比较平坦的地方，以便按规范俯卧避险。三是发生危险时，应就近选择植被少的地方卧倒，脚朝火冲来的方向，扒开浮土直到见着湿土，把脸放进小坑里面，用衣服包住头，双手放在身体正面。四是按规范迎风突围。当风向突变，火掉头时，指挥员要果断下达突围命令，队员自己要当机立断，选择草较小、较少的地方，用衣服包住头，憋住一口气，迎风猛冲突围。人在 7.5 秒内应当可以突围。千万不能与火赛跑，只能对着火冲。

3.4.4 森林在维护生态安全中的地位和作用

人们把森林生态系统喻为“地球之肺”，把湿地生态系统喻为“地球之肾”，把荒漠化称为“地球的癌症”，把生物多样性喻为“地球的免疫系统”。森林和湿地是陆地生态系统的平衡器，对保持陆地生态系统的整体功能起着中枢和杠杆作用，无论损害和破坏哪一个系统，都会影响地球的生态平衡，危及人类生存的根基。只有建设和保护好这些生态系统，维护和发展好生物多样性，改善城乡人居环境，人类才能永远地在美丽的地球家园繁衍生息、发展进步。

（1）森林被誉为大自然的总调节器，维持着全球的生态平衡

森林生态系统是陆地生态系统中组成最复杂、结构最完整、生物生产力最高、生态功能最全面、生态效应最强的自然生态系统，是陆地生态系统的主体，是维护地球生态安全的重要保障，在地球自然生态系统中占居首要地位，在调节生物圈、大气圈、水圈、土壤圈的动态平衡中起着基础性、关键性作用。

森林是大气中二氧化碳重要的调节者之一。一方面，森林植物通过光合作用，吸收大气中的二氧化碳；另一方面，森林动植物、微生物的呼吸作用及枯枝落叶的分解氧化等过程，又以二氧化碳、一氧化碳、甲烷的形式向大气中排放。研究表明，森林每生产 1 吨干物质，可吸收 1.83 吨二氧化碳，释放 1.62 吨氧。随着中国森林资源的增长，每年吸收二氧化碳的数量在逐年增加。据专家估算，每年中国森林净吸收约 5 亿吨二氧化碳，相当于同期全国温室气体排放总量的 8%。

森林是水循环的主要调节者。森林对涵养水源、保持水土、减少洪涝灾害具有不可替代的作用。据专家估算，目前我国森林的年水源涵养量达 3474 亿吨，相当于现有水库总容量的 75%。根据生态定位监测，4 个气候带 54 种森林的综合涵蓄降水能力为 40.93 ~ 165.84 毫米，即 1 公顷森林可以涵蓄降水约 1000 立方米。

（2）森林在生物界和非生物界的能量与物质交换中扮演着主要角色

森林作为一个陆地生态系统，具有最完善的营养级体系，即从生产者（森林绿色植物）、消费者（包括草食动物、肉食动物、杂食动物以及寄生和腐生动

物）到分解者全过程完整的食物链和典型的生态金字塔。由于森林生态系统面积大，树木形体高大，结构复杂，多层的枝叶分布使叶面积指数大，因此光能利用率在天然生态系统中是最高的。热带雨林年平均光能利用率可达4.5%，落叶阔叶林为1.6%，北方针叶林为1.1%，草地为0.6%，农田为0.7%。

由于森林面积大，光合利用率高，森林的生产力和生物量均比其他类型生态系统高。据推算，全球生物量总计为1856亿吨，森林每年每公顷生产的干物质达6~8吨，生物总量达1664亿吨，占全球的90%左右，而其他生态系统所占的比重很小，如草原生态系统只占4%，苔原和半荒漠生态系统只占1.1%。

全球森林每年所固定的总能量约为1.3×10^{18}千焦，占陆地生物每年固定的总能量2.05×10^{18}千焦的63.4%。因此，森林是地球上最大的自然能量储存库。

（3）森林对保持全球生态系统的整体功能起着中枢和杠杆作用

森林是人类的摇篮、生存的庇护所，它给人类带来生命和活力，带来智慧和文明，也带来资源和财富。森林是自然界物种最丰富、结构最稳定、功能最完善也最强大的资源库、再生库、基因库、储碳库、蓄水库和能源库，除了能提供食品、医药、木材及其他生产生活原料外，还具有调节气候、涵养水源、保持水土、防风固沙、改良土壤、减少污染、保护生物多样性、减灾防灾等多种生态功能，对改善生态、维持生态平衡、保护人类生存发展的自然环境起着基础性、决定性和不可替代的作用。在各种生态系统中，森林生态系统对人类的影响最直接、最重大，也最关键。离开了森林的庇护，人类生存与发展就会丧失根本和依托。

在世界范围内，由于森林剧减，引发日益严峻的生态危机。人类历史初期，地球表面约有2/3被森林覆盖，约有森林76亿公顷。19世纪中期减少到56亿公顷。最近100多年，人类对森林利用和破坏的程度进一步加重。到2005年，世界森林面积已经下降到39亿公顷，仅占陆地面积的30%。这就是说，地球上的森林已经减少了一半。联合国曾在《2000年全球环境展望》中指出，人类对木材和耕地的需求，使全球森林减少了50%，30%的森林变成农业用地；原始森林80%遭到破坏，剩下的原始森林不是支离破碎，就是残次退化，而且分布不均，难以支撑人类文明的大厦。

伴随人类对森林的一次次破坏，接踵而来的是森林对人类不断地报复。巴比伦文明毁灭了、黄河文明衰退了、水土流失、土地荒漠化、洪涝灾害、干旱缺水、物种灭绝、温室效应……，无一不与森林面积减少、质量下降密切相关。

大量数据资料表明，20 世纪 90 年代全球灾难性的自然灾害比 60 年代多了 8 倍。地球将越来越干旱、燥热、缺水，气候的反复无常也会越来越严重。由于水资源匮乏、土地退化、热带雨林毁坏、物种灭绝、过量捕鱼、大型城市空气污染等问题，地球已呈现全面的生态危机。不能把这些自然灾害完全归咎于厄尔尼诺现象，人类大肆砍伐森林，破坏生态也是造成严重自然灾害的重要因素。

人类常常贪婪地向森林索取有用的物质材料，而总是忘却森林作为大地屏障、江河保姆和陆地生态的主体，对于人类生存具有不可替代的整体性和神圣性。恩格斯早就深刻地警告："美索不达米亚、希腊、小亚细亚以及其他各地的居民，为了想得到耕地，把森林都砍了，但是他们做梦也想不到，这些地方今天竟因此成为荒芜不毛之地。"美国前副总统阿尔·戈尔在《濒临失衡的地球》中写道："虽然我们依然需要大量了解森林与雨云之间的共生现象，我们却确实知道森林被毁之后，雨最后也会逐渐减少，湿度也会降低。"人类将越来越深刻地认识到，森林在维护全球生态平衡中的中枢和杠杆作用是不可替代的。

3.5 常用造林方法和技术

中国是世界上人工林面积最大的国家，了解常用的造林方法和技术，对于保护生态环境，建设美丽家园有着重要意义。植树造林，根据所使用的造林材料（种子、苗木、抽穗等）的不同，一般分为播种造林、植苗造林和分殖造林三种。根据造林树种的繁殖特性，造林地的立地质量和经营、经济条件，正确地选用造林方法，掌握施工技术，确定适宜造林季节，有利于以较低的经济投入获取较高的造林成活率。

3.5.1 播种造林

播种造林适用于立地条件好或较好，土壤湿润疏松，灌木杂草不太茂密，鸟兽害及其他灾害性因素不严重或较轻微的地方。人烟稀少，地处边远地区的人造林地，可进行飞机播种造林。播种造林适合具有大粒种子的树种，以及由条件地用于某些发芽迅速、生长较快、适应性强的中小粒种子树种，种子来源丰富、价格低廉的树种。

（1）种子播前处理

种子播前处理的目的是为了加速种子发芽，缩短留土时间，保证幼苗出土整齐，以及预防动物、病虫为害。措施有种子消毒、拌种、浸种和催芽等。种子处理应根据树种特性、立地条件、造林季节的不同分别采用。深休眠种子要提前进行催芽，使幼苗出土整齐。雨季一般应播干种子，但如能准确地掌握雨情，也可以先浸种再播种。秋季播种造林时，一些地区（特别是北方）为避免冬季严寒可能带来的为害，大多希望种子当年生根而幼苗不出土，故无论是长期休眠种子，还是被迫休眠种子，均以播种未处理的种子为宜。

在病虫害比较严重的地方，播种前种子（特别是针叶树种的种子）应利用粉剂或药液进行拌种处理，也可利用药液进行消毒浸种或闷种，以防治传染性病害和地下害虫。在有可能发生鸟兽害的地方，也应进行药剂拌种，预防野鼠、鸟类为害，以保证种子发芽及出土前后一段时间不被窃食。

（2）播种方法

播种方法可分为撒播、条播、穴播和块播 4 种。

1）撒播：撒播是在造林地上均匀地撒布种子的方法。撒播前一般不进行整地，播种后不覆土，而是使种子在裸露状态下发芽成苗。撒播造林成本低，但作业比较粗放，特别是种子常在降落途中被植物所截阻，到达地面的又易被鸟兽吃掉或流水冲走，而发芽的幼根有时又难以穿透地被物层，接触不到土壤而死。撒播主要用于劳力缺乏、交通不便的大面积荒山、采伐迹地、火烧迹地和沙漠边缘地带。适用树种多为具有中小粒种子的针阔叶树种。

2）条播：条播是在经过全面整地或带状整地的造林地上，按一定行距进行播种的方法。播种行成单行或双行，连续或间断。播种入土或播后覆土镇压。条播便于机械化或半机械化作业，但种子消耗量较大，应用不甚普遍，仅用于采伐迹地更新、次生林改造，以及某些水土流失地区，树种多为灌木树种（如柠条、毛条、紫穗槐、枸杞）和个别乔木树种（如栎类）。

3）穴播：穴播是在局部整地的造林地上，按一定的行穴距挖坑播种的方法。一般是在挖穴后，分树种按其种粒大小，均匀地播入数粒乃至数十粒种子，然后覆土镇压。穴播操作简便，选点灵活，用工量少，是播种方法中应用较广的一种。穴播可用于各种类型的造林地，适用的树种也很多，包括具有大、中、小粒径种子的各种树种。

4）块播：块播是在经过整地的大块状地上，密集或分散地播种大量种子的方法。块状地的面积一般在1平方米以上。块播可以形成植生组，具有群状配置的优点，但此法施工比较烦琐。如果块状地内有多个均匀分布的播种点，可叫作簇播、窝种或巢种。块播可用于已有阔叶树种天然更新的迹地引进针叶树种，改造林木分布不均的次生林，以及沙地造林等。

此外，还有一种近似于穴播的播种方法，叫作缝播。.缝播是在未整地的造林地上，挖窄缝或小穴播入种子，也可选择石块、灌木、草丛下方开缝播种。缝播的主要好处是不破坏土壤结构，不易被鸟兽发现，有利于防止窃食。

（3）播种量

播种量的多少，主要决定于种子的发芽率和单位面积上要求的最低限度幼苗数量。由于种子的发芽率和保存率受很多因素的制约，所以要根据不同的情况区别对待。一般树种容易发芽、适应性强、品质优良，立地条件良好，整地细致的地方，播种量可以小一些，反之，就应该大一些。

根据各地的生产经营情况，穴播种粒大的核桃、胡桃楸、板栗、油桐等，每穴播种2~3粒；种粒稍小的栎类、油茶、山杏、文冠果等，每穴3~5粒；种粒中等的红松、华山松等，每穴4~6粒；种粒较小的油松、马尾松、樟子松、云南松等，每穴10~20粒；柠条、花棒等，每穴20~30粒。播种方法不同，用种量也不相同，一些树种穴播的用种量，是条播、撒播用种量的1/3~1/2，甚至十几分之一。

（4）播种造林的季节和时间

播种的季节和时间，影响种子出苗率、出土时间和成苗数量，而且关系到苗木木质化程度和抗旱越冬能力。根据造林地区的气候特点，特别是温度、降水条件和灾害因子，以及土壤条件，并结合树种的生物学特性和造林技术要求，选定适宜的播种期，是搞好播种造林工作的基础。就全国范围来说，四季都可以进行播种造林，但北方应把水分和低温作为确定播种期的首要条件，而南方则应将伏旱、高温和降水强度作为主导因素，同时还要分析不同树种播种方法和技术上的异同，作为最后确定适宜播种季节和时间的依据。

（5）播种技术

不论采用哪种播种方法，在技术上都要求覆土适当（除撒播外）、处置方式得当和种子撒布均匀。覆土厚度对种子发芽、出土及保蓄水分的影响很大，往往是决定造林成败的关键。覆土厚度随种子粒径大小、播种季节，以及土壤质地和湿度的不同而不同。大粒种子覆土可为5～8厘米；中粒种子2～5厘米；小粒种子1～2厘米。秋播、土壤黏重、土壤湿度较大，覆土厚度宜稍大，反之，则宜稍小。一般覆土厚度以大体上相当于种子横径的2～3倍为宜。对于大粒种子来说，处置方式关系到生根发芽的难易和出土的迟早，因而也是一个重要的问题。一般认为核桃、胡桃楸等应使缝合线垂直于地面，而栎类、板栗等则可以横放使缝合线平行于地面。覆土后需轻轻镇压。

（6）飞机播种造林

又可简称飞播造林、飞播，是利用飞机撒布林木种子（有时还有其他植物种子）或丸衣种子的造林方法。飞播具有活动范围大、播种速度快、效率高、造林成本低、节省劳动力、经济收益显著的特点，对绿化人烟稀少、交通不便、劳力缺乏的大面积荒山、沙漠和采伐迹地造林发挥了重大作用。

飞播造林像人工撒播造林一样，也是播种前不破土整地，播后不覆土，主要利用有利的自然因素使造林获得成功的撒播方法。为了使飞播造林取得成效，播种前须做好播区选择，规划设计，以及种子、机场、调机人员培训等准备工作；播种时应做好播区视察、通信联络、导航信号、天气预报、播种器调正及质量检查等工作；播种后要做好封山管护等工作。飞播造林应由专业的飞播造林技术队伍实施。

3.5.2 植苗造林

植苗造林，是以苗木作为造林材料进行栽植的造林方法，又称栽植造林、植树造林。植苗造林是应用最普遍的一种造林方法。

（1）苗木的种类、年龄和规格

植苗造林应用的苗木种类，主要有播种苗、营养繁殖苗和两者的移植苗，以及容器苗等，这些苗木可按根系是否带土分为裸根苗和带土陀苗两大类。裸根苗起苗、储藏、包装、运输相对方便，但起苗伤根多，栽植后遇不良环境条件常影响成活。带土陀苗，是根系带有宿土且不裸露或基本上不裸露的苗木，根系较为完整，栽植易成活，但重量大，费工、费力。一般营造用材林，因为造林树种较多，采用的苗木种类也较多，主要是以不同繁殖方法培育的留床的或移植的裸根苗，以及容器苗。营造防护林，多用经过移植的裸根苗，有时也用未经移植的裸根苗。城市和“四旁”绿化，一般多用经过移植的裸根苗，甚至经过多次移植的大规格带土陀苗或裸根苗。采伐迹地更新有时还利用野生苗和萌生苗。

（2）苗木栽植前的保护和处理

苗木成活的关键在于保持体内的水分平衡。苗木从圃地起出后，在分级、处理、包装、运输、假植和栽植等工序中，必须加强保护，以减少水分散失，防止茎、叶、芽的折断和脱落，避免运输中发热发霉。为了保持苗木的水分平衡，栽植前应对苗木进行适当处理。地上部分的处理措施有截干、去梢、剪除枝叶、喷洒化学药剂、喷洒蒸腾抑制剂或其他制剂等；地下部分的处理措施有修根、浸水、蘸泥浆、蘸保水剂、激素蘸根以及接种菌根菌等。运至造林地暂不栽植的苗木，应及时选阴湿地方假植，随栽随取，栽植之前根系须浸入带水容器或以湿润物包裹。

当利用容器苗造林时，一般只需苗木保护，特别是防止运输过程中的散陀，而无需进行其他处理。

（3）苗木的栽植方法

栽植方法一般可按如下方式进行分类。

1）按栽植穴的形状分类，有穴植、缝植和沟植 3 种。穴植是在经过整地的造林地上挖穴栽苗，应用最为普遍，可栽植各种苗木，但工效低。穴深应大于苗木主根长度，穴宽应大于苗木根幅。使用手工工具或挖坑机开穴，每穴植入苗木1株或多株。缝植是在经过整地的造林地或土壤深厚且未整地的造林地上，用锄、锹开出窄缝，植入苗木后，再从侧方挤压，使土壤与苗根密接。此法栽植速度快，也能获得较高的成活率，特别是在高寒地区还可以预防或减轻冻害，不足之处是根系常被挤压变形。缝植一般用于新采伐迹地、沙地栽植针叶树小苗。沟植是在经过整地的造林地上，以植树机或蓄力拉犁开沟，将苗木按一定株距和行距摆放沟底，再覆土、扶正、压实。此法效率高，但只能用于地势平坦或坡度较缓的地方。

2）按苗木根系是否带土，可以分为裸根栽植和带土栽植两种，两者的优点和缺点如前所述。

按同一栽植穴的苗木数量分类，有单植和丛植两种。丛植的优点类似于群状配置，由于可以形成独特的小气候，抵御不良环境的影响，丛内植株的相互促进和竞争，因而造林成活率、保存率较高，林木生长快、干材质量好，造林成本因无需补植而较低。适于丛植的树种主要是耐阴或幼年耐阴的树种。单植一般以采用小苗为宜，如能捎带宿土效果更好。

3）按使用的工具分类，可分为手工栽植和机械栽植两种。手工栽植一般以镐、锹等或畜力牵引犁铧开沟进行栽植，多用于山地造林。机械栽植是在经过整地后疏松、深度符合要求、草皮充分腐烂的造林地上，取合格苗，利用植树机划线开沟、植苗、培土以及镇压等工序完成栽植的造林方法。这种方法造林工效高，劳动强度小，造林成本低。机械栽植主要用于地形平坦且宜林地集中连片的平原、草原、沙地、滩地等。

（4）植苗造林的栽植技术

栽植技术指的是栽植深度、栽植位置和施工具体要求等。

适宜的栽植深度应根据树种、气候和土壤条件、造林季节的不同灵活掌握。一般考虑到栽植后穴面土壤会有所下沉，故栽植深度应高于苗木根茎处原土痕2~3厘米。在湿润的地方，只要不使根系裸露，可以适当浅栽；而在干旱的地方，尽量深栽对成活有利。土壤湿润黏重可略浅栽。秋季栽植可稍深，雨季宜略浅。生根能力强的阔叶树可适当加深，针叶树多不宜栽植过深。截干苗宜深埋少露。

栽植位置一般多在栽植穴中央，使苗根有向四周伸展的余地，不致形成窝根。有时把苗木植于穴壁的另一侧（山地多为里侧），成为靠壁栽植。靠壁栽植的苗木，其根系贴近未破坏结构的土壤，可得到通过毛细管作用供给的水分。此法多用于栽植针叶树小苗。有时还把苗木栽植在整地（如黄土地区的水平沟整地）破土面的外侧，以充分利用比较肥沃的表土，防止苗木被降雨淹没或泥土埋覆。

施工的要求，除前所述以外，栽植时可先把苗木放入栽植穴，理好根系，使其均匀舒展，不窝根，更不能上翘、外露，同时注意保持深度。然后分层覆土，把肥沃湿润土壤填于根际，并分次踏实，使土壤与根系密接，防止干燥空气侵入，保持根系湿润。穴面可视地区不同，整修成小丘状或下穴状，以利排水或蓄水。干旱条件下，踏实后穴面可再覆一层虚土，或盖上塑料薄膜、植物茎秆、石块等，以减少土壤水分蒸发。栽植容器苗和带土大苗时，除防止散坨外，应去掉根系不易穿透的容器，否则可连同容器、包装物一起栽植，其他技术与裸根栽植基本相同，覆土后也应填实土坨与土壤之间的空隙。

（5）植苗造林的季节和时间

为了保证苗木顺利成活，需要根据造林地区的气候、土壤条件，造林树种的生长发育规律，以及社会经济状况，确定适宜的栽植季节和时间。就全国范围来说，一年四季均可进行植苗造林，但不同地区、不同树种又有各自具体的适宜季节和具体时间。具体地说就是应选择温度适宜，湿度较大，遭受自然灾害的可能性小，符合树种生物学特性，栽植省工、省力、省投资，劳动力和造林机械容易组织的季节和时间进行造林。

3.5.3 分殖造林

分殖造林是利用树木的营养器官（如枝、干、根、地下茎等）作为造林材料进行造林的方法，又称为分生造林。中国早在周代末年的《庄子》一书，已有杨柳插条的记载，以后的多种古书对许多树种（包括竹类）的插条、分蘖、分根造林和栽植季节有了更为全面的阐述。对某些树种，如杉木、柳杉、竹类来说，分殖造林是其主要的造林方法。

（1）分殖造林的特点和应用条件

分殖造林具有营养繁殖的一般特点，能够保持亲本的优良遗传性状，但某些树种有时因多代连续无性繁殖，往往造成林木早期生长衰退、寿命短促的不良后果。由于营养器官中储藏着丰富的养分，造林初期林木生长较快。与植苗造林相比，这种方法无须采种、育苗，施工技术简单，造林省工、省时，节约经费。

分殖造林主要用于能够迅速产生大量不定根的树种。虽然具有这种能力的树种为数较少，但它们大多是常用的主要造林树种，因而这一方法仍然应用很广。分殖造林的材料来源，受亲本树数量、分布状况的限制，亲本树稀少的地区，进行大规模造林有一定困难。由于分殖造林主要依靠繁殖材料孕发新根，因而为满足其发根的基本条件，要求造林地具有良好的湿度条件，否则就不能保证造林成功。

（2）插条造林

截取树木或苗木的一段枝条作为插穗，直接插于造林地的方法。插穗可在树木秋季落叶后到春季发芽前从中、壮年优良母树上选取，也可以从采穗圃、苗圃中选取。最好利用根部或干基部萌生的粗壮枝条，有些萌芽力弱的针叶树应利用梢部带顶芽的枝条。枝条的适宜年龄随树种而不同，插穗的一般长度为 30 ~ 70 厘米，针叶树为 30 ~ 60 厘米，粗度为 1 ~ 2 厘米，下口斜切成马耳形或切平。可在造林前进行浸水处理，以增加含水量，增强抗旱能力，提高造林成活率。扦插深度因树种、穗长、土壤湿度和造林季节而异。秋季扦插时为保护插穗顶端不致在冬春季失水风干，要适当深埋，不要使上切口外露。

（3）插干造林

将幼树树干或大树粗枝直接插于造林地的方法，又叫截干造林。插干造林一般采用 2 ~ 4 年生直径为 3 ~ 5 厘米的枝干，截成长 3 ~ 5 厘米备用。插植深度约 100 厘米，每穴内直插干 1 株。插干造林多用于旱柳、垂柳、白柳及某些杨树营造片林或“四旁”绿化。栽插的孔穴，可用人工挖成或以机械钻成。树干插入后，插孔要用土填满砸实，如有可能最好适当进行灌水。

（4）分根造林

分根造林是利用刨取的粗根截成插穗插植于造林地的方法。根条可于秋季树木落叶后而土壤尚未冰冻前，或春季土壤已经解冻而树木尚未发芽前，从发育健壮的母树根部挖取。选取粗度不小于1~2厘米的根条，剪成长约20厘米的根插穗，倾斜或垂直插入土中，上端微露，上切口盖土成堆。这种方法是用于根部容易萌生不定芽的树种，如泡桐、漆树、楸树、刺槐、香椿和文冠果等。

（5）地下茎造林

地下茎造林是竹类的造林方法之一，常用的方法有移栽母竹、移鞭、埋蔸和埋节等。

移栽母竹就是从原有竹林中挖去母竹栽植于其他造林地的方法。母竹年龄以1~2年生为宜，挖掘时按一定长度截断竹鞭两端，来鞭留短些（30~40厘米），去鞭留长些（40~70厘米）。挖出的母竹在打梢并妥善包装后运至造林地，挖穴栽植，穴宜稍大，最好施入适量肥料。栽植时须注意使鞭根舒展，防止损伤鞭芽和笋芽，覆土可比母竹入土部分稍深，分层填土踏实，穴面壅土成丘状，并覆以厚层杂草。

移鞭就是从成年竹林中挖取2~5年生鞭芽饱满的竹鞭进行造林。竹鞭应在鞭芽出土前，即造林开始前1个月左右挖出，尽量多带宿土，截成长约100厘米，平埋在挖好的沟内，覆土厚度约10厘米，使略高于地面并踏实。

埋蔸是把挖出的母竹竹竿自地表以上20~30厘米处截断，利用下余部分（称作竹蔸）栽植，由竹蔸上的芽发笋成竹。埋节是利用地上部分的竹节进行造林，于春季将母竹竹竿截成段，每段最好有2个竹节，直埋、横埋或斜埋在深20~30厘米沟内，节上枝芽偏向两侧摆放，然后覆土、压实、盖草。从严格意义上讲，埋节虽为分殖造林方法，但已不属于地下茎造林范畴了。

（6）分殖造林的季节和时间

插条和插干造林的季节与实践，与植苗造林基本相同，随树种、地区的不同，可在春季、秋季插植。常绿树种随采随插，落叶树种随采随插或穗条经储藏后再插。

在竹类产区造林，除寒冷及酷热天气外，其他时间都可以进行小规模栽竹，不受时间限制。大面积栽植时，单轴型竹类可在生长缓慢的冬季和早春（11 月至翌年 2 月）进行，合轴型竹类可在 1 ~3 月进行。

我国的森林受热量和水分条件影响，自南到北有热带雨林、热带季雨林、季风常绿阔叶林、常绿阔叶林、常绿落叶阔叶混交林、落叶阔叶林、温带针阔叶混交林和寒温带针叶林等各种类型分布。森林分布的历史变迁是自然和人为活动共同作用的结果，同时对自然环境和人类社会起着重要的影响作用。森林起着固碳释氧、保持水土、净化空气等生态作用，提供木材、林产品和服务等直接和间接经济价值，同时在政治、军事、文化、美学、科学和历史等方面有重要的社会价值。森林按作用分为防护林、用材林、经济林、薪炭林和特种用途林；按人类的影响分为原始林、次生林和人工林；按林木特征分为针叶林、阔叶林，纯林和混交林等，还可以按其自然属性分类。森林病害的发生主要由于真菌、细菌和病毒等引起，虫害主要有食叶害虫、蛀干害虫和地下害虫，林木病虫害防治要遵循以防为主，防治结合，综合防治的原则。森林火灾按起火原因可分为地表火和地下火，及早预警和及时科学扑救是森林防火的关键。常用的造林方法有播种造林、植苗造林和分殖造林，可以根据造林的目的和树种不同，灵活运用。

4 林业产业的现状与发展

林业产业是以森林资源为基础，以获取经济利益为目的，以技术和资金为手段，有效组织和提供各种物质产品和非物质服务的行业。林业产业主要包括林木种植业、经济林培育业、花卉培育业、木材采运业、木材加工业、人造板制造业、木浆造纸业、林产化学加工业、林副产品采集加工业、森林旅游业等。林业产业作为重要的基础产业，除具一般产业的共同属性外，还有自身的四大特性，即资源的可再生性、产品的可降解性、三大效益的统一性、一二三产业的同体性。

林业产业是一个涉及国民经济第一、第二和第三产业多个门类，涵盖范围广、产业链条长、产品种类多的复合产业群体，是国民经济的重要组成部分，在维护国家生态安全，促进农民就业、带动农民增收、繁荣农村经济等方面，有着非常重要和十分特殊的作用。

4.1 国内外林业产业发展现状

4.1.1 世界林业产业概况

根据联合国粮食及农业组织（FAO）《2012 世界森林状况》报告显示，森林和以森林为基础的行业对可持续发展做出贡献主要通过四种方式：一是作为一种能源来源，二是作为一个为人类提供产品、服务、生态恢复力和生态健康的生态系统，三是作为通过增加农民就业机会和农民收入而有益于地方经济发展的农村经济活动，四是作为促进经济增长、提高人民群众生活水平和福利水平的产品来源。

根据联合国粮食及农业组织的统计，2010 年，全球木质燃料产量 18.7 亿立方米，消费 18.7 亿立方米；工业原木产量 15.4 亿立方米，消费 15.3 亿立方米；锯材产量 3.91 亿立方米，消费 3.9 亿立方米；木基板材产量 2.83 亿立方米，消费 2.8 亿立方米；木浆产量 1.68 亿吨，消费 1.65 亿吨；其他纤维浆产量 0.19 亿吨，消费 0.19 亿吨；回收纸浆产量 2.08 亿吨，消费 2.07 亿吨；纸和纸板产量 4 亿吨，消费 4 亿吨。

木材仍是现今最重要的可再生能源，占全球能源总供给量的 9% 以上，每年取自木材的能源估计为 11 亿多吨石油当量。全球有 20 亿人口的做饭和取暖依赖于木质能源，尤其是发展中国家的家庭。家庭做饭取暖的木质燃料占全球可再生能源消费的 1/3，木质燃料不仅是全球重要的可再生能源来源，也是世界上最为分散的能源来源。

世界最贫困人口大约有 3.5 亿，其中包括 6000 万土著人口，他们完全依靠森林生活和生存。森林是他们应对意外事故和降低不可预见事件风险的主要保障。在利用森林、森林产品和生态系统服务方面，他们极具创造力和创新性。许多森林利用者拥有丰富的经验和知识。例如，几亿人依靠采集森林中的传统药材为生。在 60 个发展中国家里，在林地上狩猎和捕鱼就可以满足 1/5 以上人口的蛋白质需要。另外，还有 10 亿人口，依靠林地、宅地树木和农林间作来满足日常生活的多种需要。

同时，森林是各尺度生态系统的重要组成部分，可提供多项服务和功能，如调节水供应量、缓解旱涝、降低排放的不良后果、保护生物多样性等。据估计，仅森林中的生物体中就存有大约 2890 亿吨碳，所以森林在地球碳平衡中发挥着重要作用，在减缓气候变暖方面潜力巨大。由于森林包含有世界上 80% 以上的陆地生物多样性，所以森林是开发利用新药、改良植物品种及开发大量其他产品的重要资源。

4.1.2　我国林业产业发展概况

根据国家林业局《2012 年中国林业发展报告》，2011 年全国实现林业产业总产值 30 597 亿元，分地区看，东部 10 省林业产业总产值比重较大，占全部林业产业总产值的50.81%；中部6省林业产业总产值为6009.91亿元。东部省份增长最快，与其他地区的差距进一步拉大。林业产业总产值超过2000亿元的省份共有5个，分别为广东、山东、浙江、福建和江苏。

2011年，全国木材产量8145.92万立方米，与2010年产量基本持平。锯材产量为4460.25万立方米，人造板产量20 919.29万立方米，胶合板产量9 869.63万立方米，纤维板产量5 562.12万立方米，刨花板产量2559.39万立方米，其他人造板产量2 928.15万立方米（其他人造板中细木工板占69.47%）。竹木地板产量6.29亿平方米（实木木地板1.22亿平方米，复合地板3.57亿平方米，其他木地板1.03亿平方米，竹地板0.47亿平方米）。2011年，全国木制家具总产量2.48亿件，木浆产量823万吨。

2011年，全国新造经济林面积121.83万公顷，各类经济林产品总量达到1.34亿吨，竹材产量为15.39亿根，年末实有花卉种植面积86.22万公顷，切花切叶142亿支，盆栽植物29亿盆，观赏苗木121亿株，草坪4.08亿平方米。2011年，全国森林公园共接待游客4.68亿人次，森林公园直接旅游收入达376.42亿元。全国森林公园年提供就业岗位64万个，社会综合旅游收入测算超过3000亿元。

4.2 速生丰产林产业发展现状

速生丰产林是指通过使用良种壮苗和实施集约化经营，缩短培育周期，提高单位面积产量，获取最佳经济效益，为制浆、造纸、人造板制造等林产工业和建筑、家具、装修等行业提供原料或大径级用材的林分。发展速生丰产林可以缓解木材供需矛盾，可以促进林业产业的发展，有利于发展生态经济和循环经济，是贯彻实施西部大开发战略和国家林业发展战略的具体举措，也是调整农村产业结构、转移农村剩余劳动力、增加农民收入的新途径。

4.2.1 我国速生丰产林发展历程

我国的速生丰产用材林建设最早开始于20世纪50年代，到目前为止大致经历了试点发展、大规模推广和可持续发展三个发展阶段。

（1）试点阶段

该阶段主要提出了速生丰产用材林发展目标和基地规划，并于1953年开始了人工用材林建设。1960年林业部提出速生丰产林的建设方针，即“基地化，林场化，丰产化”。1964—1965年制订了全国用材林基地规划，规划基地240片。

到了20世纪70年代初，农林部提出了在南方发展和建立以杉木为主的用材林基地，得到了财政部、国家计委等有关部门的大力支持和重视。从1976年起，每年由国家拨出专款2000万元，扶持南方9省区建立杉木用材林基地。从1980年开始，扶持款由每年的2000万元增加到4000万元，范围扩大到12省（区）的212个县。这一期间建立了湖南株洲、湖北崇阳等一大批新的速生丰产用材林基地。截至1982年，共约营造基地林320万公顷，其中重点县约200万公顷。

从1978年党的十一届三中全会后，中央和地方各级政府更加重视速生丰产用材林建设。从1980年到1990年前后与22个省（区）签订了34个速生丰产用材林建设项目，林业部利用拨款改贷款的方式对林业基本建设投资了14 577.6万元，完成项目造林18.85万公顷。这对全国各地的速生丰产用材林发展和建设起到了导向和示范作用，推动了速生丰产用材林基地建设的发展。

（2）大规模全面发展阶段

1983年，由国家科委和计经委联合制定了有关发展速生丰产用材林的相关技术政策。从“六五”开始，我国就有计划地进行良种选育和丰产技术攻关研究，涉及20多个重要的速生丰产用材林树种，南方主要有马尾松、桉树、杉木、西南桦、云南松、国外松、福建柏、相思等；北方树种有红松、落叶松、白桦、杨树、椴树、水曲柳等。“七五”到“八五”期间我国速生丰产用材林建设得到了全面迅速的发展。1989年，国务院正式把发展速生丰产用材林列入国家产业政策，在林业部制定的《1989—2000年全国造林绿化规划纲要》中再次明确提出了速生丰产用材林基地建设的任务。“九五”期间，形成了以培育纸浆材、单板类人造板材与建筑材为目标的相关树种的高产、优质、高效培育技术体系。主要围绕着改良木材材性、缩短轮伐期、提高经济效益等定向培育目标开发了很多新品种，很多新技术已经相当成熟，处于国际先进水平，可以大面积推广。

（3）初步可持续发展阶段

2000年，国家林业局提出了“突出布局调整，加速生态建设，努力实现新世纪林业跨越式发展”的新思路，同时提出实施“重点地区以速生丰产用材林为主的林业产业基地建设工程”。2002年原国家计委正式批复实施该项工程，主要是在400毫米等降水量线以东，立地条件和自然条件较好，不易水土流失和对生态环境造成影响的地区，包括黑龙江、吉林、辽宁、内蒙古、河北、河南、山东、浙江、江苏、安徽、江西、福建、湖北、湖南、广西、广东、云南、海南等省区，分阶段实施速生丰产用材林基地工程。第一阶段：在2005年前，基本建成南方工业原料林产业带；第二阶段，2015年前，由南方带动北方，基本建成南北方速生丰产用材林产业带。速生丰产用材林基地工程建设总目标为1333万公顷，投资约718亿元。工程的启动标志着我国速生丰产林建设进入了初步可持续发展阶段。

近年来，我国速生丰产用材林的发展速度持续加快，进入了新阶段，据第七次全国森林资源清查结果显示，目前，我国人工林保存面积6168.84万公顷，人工林蓄积19.61亿立方米，截止2009年共营造速生丰产林181.97万公顷，人工林面积居世界首位。

进入21世纪，我国确立了以生态建设为主的林业可持续发展战略，全面启动实施了天然林保护工程，对长江上游、黄河上中游生态脆弱区的天然林实行了商品性禁伐，对东北、内蒙古重点国有林区实行了减产限伐。另外，经济的持续快速发展和人民生活的不断提高，社会对木材等林产品的需求量不断增长，国内木材供给无论是总量上还是结构上都出现了缺口。尽管通过进口木材也在一定程度上缓解木材供需矛盾，但从长远来看，解决这一问题的唯一出路就是立足国内，通过大力发展速生丰产用材林基地，大幅度提高我国速生丰产用材林木材的产量和质量。

4.2.2 我国速生丰产用材林发展现状

（1）发展概况

从2003年起，《中国林业统计年鉴》开始统计全国速生丰产用材林造林面积。统计结果表明，自2003年以来全国速生丰产用材林造林面积一直维持在每年19万公顷以上，7年间共营造速生丰产用材林1 826 620公顷。

从各省的情况来看，除个别省区因气候、立地、经济等因素不适合种植速生丰产用材林外，近年来全国大部分地区都进行了速生丰产用材林的种植。2003—2009年间，广西、山东、湖北、江西、河南、云南、四川、河北、广东、湖南这十个省区造林面积排在全国前十位，十省区的速生丰产用材林造林面积占到了全国速生丰产用材林造林总面积的78.6%，其中仅仅广西就占到全国速生丰产用材林造林总面积的34%。可以看出，造林面积排在前列的不仅仅是立地条件较好的岭南地区，还有河北、河南等华北地区，此外，云南、四川等地造林面积也在5万公顷以上。这说明我国速生丰产用材林建设在全面铺开的同时也形成了营林的重点地区，而且重点地区建设速生丰产用材林基地已经取得了一定成效。同时也有一个不容忽略的问题，那就是速生丰产用材林的布局结构还需完善。从各省的造林情况可以看出，各个省区之间速生丰产用材林的发展并不均衡，尤其是一些立地条件好，经济发展迅速的地区，速生丰产用材林的建设却没有赶上，而这些地区恰恰是木材需求量较大的区域，这导致了全国范围内区域性木材短缺的情况依然存在。

（2）重点地区速生丰产用材林工程建设状况

近年来，速生丰产用材林造林面积稳步增长主要是得益于重点地区速生丰产用材林基地工程的开展，一定程度上来说，我国重点地区以速生丰产用材林为主的林业产业基地建设工程发展状况代表了我国速生丰产用材林的发展现状。

2002年7月，国家计委批复了《重点地区速生丰产用材林基地建设工程规划》，同年8月1日，原林业部在北戴河召开了工程启动大会，工程正式全面启动。工程启动后，及时调整了我国林业生产力的宏观布局，有力地推进了我国木材生产由以采伐利用天然林为主向经营人工林为主的历史性转变，保障了林业生态建设的顺利实施，同时为建设林纸一体化和林板一体化产业体系创造了更好的发展条件。

根据《中国林业统计年鉴》，从2002年工程开始，重点地区速生丰产用材林基地工程历年来造林面积在不断下降，同时改培面积在不断上升。由此可以看出，我国速生丰产用材林建设在经历了早期的大规模种植后，进入了对低产林改造的时期。我国每年的人工林造林面积都居于世界前列，然而人工林中真正的速生丰产用材林比重只占到了30%左右，有很大一部分是低产林，对低产林的改造也是工程建设的重要组成部分。

从投资主体造林面积来看，国有集体林场的造林面积大幅下降，而同时农户造林面积和外资造林面积在全部造林面积中所占的比重却在不断地上升，这也符合国家利用社会资本和外资发展速生丰产用材林的战略方针。国有林场前期的带动和市场表现出的需求，都刺激了农户和外资的投资欲望，在这种情况下，扶持和引导农户和外资造林将成为重点地区速生丰产用材林基地工程建设今后工作的一个重点。

重点地区速生丰产用材林基地建设工程造林面积可以分为浆纸原料林、人造板原料林、大径级用材林和其他工业原料林。目前，大径级用材林的发展迅速，2009年造林和改培面积达到了22 083公顷，远远超过了其他三类原料林造林和改培面积的总和，在其他原料林不断减少的情况下，大径级用材林的上升一定程度上反映了我国目前木材市场需求的一个趋势。大径级用材林培育周期较长，工程规划主要集中在北方地区，随着北方地区速生丰产用材林建设的大范围开展，大径级用材林的造林和改培面积未来还有一定的上升空间。

从重点地区速生丰产用材林发展现状来看，从2002年到2009年以来共营造速生丰产用材林42.93万公顷，占全国速生丰产用材林的23.5%，说明我国速生丰产用材林工程化管理不强，应该加强工程化管理强度，提高速生丰产用材林的生产力。

4.3 经济林产业发展现状

经济林是实现林业生态效益、经济效益和社会效益有机结合的林种。目前，我国经济林产品总产值已占林业产业总产值的40%，占林业第一产业产值的55%以上。经济林产业已成为林业产业体系建设的重要组成部分，在地区经济尤其是山区经济中占主导地位。

4.3.1 核桃产业发展概况

核桃是世界最重要的坚果类树种和木本油料树种。核桃仁是很好的滋补品和食品加工原料，含脂肪65%左右，蛋白质15%左右，糖类10%以上，粗纤维约5.8%，并含有维生素及磷、钾、钙等多种矿物质，具有较高的营养价值。核桃的木材质地坚韧，纹理美观，具有不翘、不裂、耐冲击等特点，适宜做高档家具。核桃树冠多呈半圆形，树体高大，枝叶繁茂，根群发达，有较强的防尘能力，适宜在城市公园栽培，有净化空气和保护环境的作用。在山丘、梯田、坡堰栽植，有涵养水源、保持水土的作用。

（1）生产概况

中国是核桃的原产地之一，已有2000多年的栽培历史。新中国建立前，核桃处于实生繁殖和自然生长状态，年产量5万吨左右，1921年曾出口6710吨。20世纪50年代中期，全国核桃产量升至10万吨。60年代“文革”期间，核桃总产量降至5万吨以下。70年代“文革”结束后，总产恢复到8万吨以上，1978年达到11.8万吨。进入80年代，受国家政策影响和市场驱动作用，全国核桃栽培面积和产量逐年增加，核桃产业发展呈现出蒸蒸日上的大好局面。2006年《中国统计年鉴》中的数据表明，全国核桃栽培面积为166.7公顷，约2.1亿株，产量50万吨。近年来，核桃栽培面积和产量又有较大增加。

中国核桃有三大栽培区域。一是大西北，包括新疆、青海、甘肃、陕西；二是华北，包括河南、河北及华东区的山东；三是云南、西藏、贵州。《中国核桃》一书中按照综合因素与主导因素相结合，照顾行政区域的完整性和有适当栽培规模等原则，将中国核桃划分为6个分布区和13个亚区，即东部沿（近）海分布区，包括冀、京、辽、津亚区，鲁、豫、皖北、苏北亚区和豫西亚区；西北黄土高原分布区，包括晋、陕、甘、青、宁亚区和陕南、甘南亚区；新疆分布区，包括南疆分布亚区和北疆分布亚区；华中、华南分布区，包括鄂、湘亚区和桂中、桂西亚区；西南分布区，包括滇、黔、川西亚区和四川亚区；西藏分布区，包括藏南亚区和藏东亚区。

（2）品种结构

我国现有核桃属植物 8 个种，其中作为广泛栽培的主要是普通核桃和铁核桃。普通核桃主要分布在北方地区，据《中国果树志·核桃卷》记载共有无性系品种及优良品系 179 个，实生农家品种 514 个，优良单株 124 个。铁核桃主要分布在云南、贵州、四川等省。

目前，我国核桃生产中使用的品种主要来自国内选育的核桃良种，分为早实和晚实两个类型，主要有中林系列、辽核系列、薄壳香、岱丰系列等，此外还有一些自国外引进的品种或其杂交后代，如强特勒、香玲、清香等。

（3）加工概况

近年来，河北、河南、云南、山东、安徽、陕西、山西等省涌现出一批核桃加工企业，主要加工产品有核桃油、核桃蛋白质类产品、核桃果茶、香料、活性炭等。核桃油除主要作为营养保健油直接食用外，还可以在制作糕点与营养食品中用作添加剂，在工业及医药方面也有着极为广泛的用途。核桃蛋白类产品包括核桃粉、核桃乳、核桃芝麻乳、天然核桃乳、核桃汁、核桃乳酸发酵饮料等。有些企业采取综合加工利用等方法，可分别获得核桃油、核桃粉等产品，或提取多肽等高档保健品和药物产品。

4.3.2 枣产业发展概况

（1）栽培概况

枣原产我国，栽培历史悠久。早在 7000 多年前的新石器时代，我国的先民就已开始采摘和利用枣果。距今 3000 年前的西周时期，已有枣树栽培的文字记载。2500 年前的战国时期，枣已成为重要的果品和常用中药，并与桃、杏、李、栗并称为我国的“五果”。距今 2000 年前的汉朝，枣栽培已经遍及南北各地。距今 1500 年的后魏时期，传统的枣树栽培技术体系已经建立起来，其中许多技术一直沿用至今。

千百年来，枣树一直长盛不衰。近年来，枣以其抗逆性强、早果速丰、管理容易、营养丰富，以及可增加农民收入和改善国家生态环境双重效益的优势，成为我国经济林种发展的一个新热点，每年以超过 10% 的速度高速发展，在农业种植结构调整、西部大开发、退耕还林和出口创汇中发挥着越来越重要的作用。

目前，我国除黑龙江省以外，各省（自治区、直辖市）均有枣栽培，全国栽培面积已达2000多万亩，已经排到我国各种果树的第三位，仅次于苹果和柑橘，在干果中居第一位。河北、山东、河南、山西、陕西是我国枣栽培面积最大的5个省。2007年，河南省枣栽培面积达122万亩（非国际单位，1公顷等于15亩），主要分布在内黄、新郑两县（市），在灵宝、淇县、镇平、桐柏和永城等县（市）也有分布。

枣营养丰富，加工潜力大，经济效益好，因此枣产业已成为许多枣区经济的重要组成部分。目前，全国枣区人口约2000万人，年产枣30亿千克以上。枣产业年总产值约200亿元人民币，全球近99%的枣产量和100%的枣贸易集中于我国。

（2）产业概况

近年来，随着社会的发展和科学技术的进步，枣产业也快速发展，生物技术、信息技术等现代高新技术也在枣产业中得到了应用。以酸枣为砧木的嫁接育苗技术得到大规模推广应用，全光喷雾嫩枝扦插、组织培养等育苗技术也逐步发展起来。现代化的土、肥、水管理，整形修剪，生长调节剂应用，病虫害的无公害防治，乙烯利人工催熟，化学采收，冷藏和气调保鲜，枣汁、香精、色素、枣干红酒、枣膳食纤维、环核苷酸糖浆等现代加工品，大型枣专业市场，以及枣专家系统，网上信息平台等，为枣产业的发展提供了良好的科技支撑。

（3）发展前景

在蓬勃发展的同时，枣疯病、裂果病和缩果病等病害不断发生，市场狭窄、企业竞争力不足等经济因素也不断对枣产业提出挑战。盲目发展，管护水平跟不上栽培面积的迅速扩张，区域布局、品种结构不合理，品种选育滞后，苗木培育经营不规范，新产品开发薄弱，储藏加工技术落后，种植比例偏低等问题依然存在。

在今后一段时间内，我国的枣产业将逐步进入一个由量的扩张向质的飞跃转变的调整期，枣产业的发展将向着生产区域化、产业化，品种多样化、高级化，鲜枣系列化、周年化，苗木嫁接化、规范化，栽植矮密化、设施化，施肥平衡化、有机化，修剪周年化、精细化，病虫害防治综合化、无害化，采后处理机械化、现代化，产品绿色化、两极化，经营组织化、品牌化，消费全民化、国际化的方向发展。

4.3.3 油茶产业发展概况

油茶为常绿小乔木或灌木，是我国特有的木本食用油料树种，有2000多年的栽培和利用历史，与油橄榄、油棕、椰子并称为世界四大木本油料植物，主要分布在我国长江流域及以南地区。近年来，随着我国食用油供需矛盾的日益突出和人民生活水平的不断提高，油茶的价值得到了重新认识，带来了油茶产业发展的一个新机遇。2006年，国家林业局专文下发了《国家林业局关于发展油茶产业的意见》，鼓励扶持发展油茶产业。2009年国务院批准的《全国油茶产业发展规划（2009—2020）》出台后，油茶产业步入快速发展的轨道。

（1）栽培现状

我国是油茶的原产地和分布中心，栽培历史悠久，其水平分布具有分布区广、很多地区分布不连续以及分布区内不同地区气候条件差异很大的特点。油茶垂直分布的变化亦很大，随着海拔的升高，气候的变化和土壤及植被条件的不同，油茶垂直分布上限和下限由东向西逐渐增高。我国油茶主产区集中分布在湖南、江西、广西、浙江、福建、广东、湖北、贵州、安徽、云南、重庆、河南、四川和陕西14个省（区、市）。据2009年的数据，全国共有油茶林面积4531.2万亩，以湖南、江西、广西三省（区）最大，分别为1778.0万亩、1120.0万亩和552.4万亩。2008年全国生产油茶籽97.55万吨，生产茶油26.25万吨。

（2）加工

油茶树全身是宝，具有很高的综合利用价值。茶籽经过加工制成的茶油是优质的食用油，深加工可制作高级护肤化妆品、精油、皂素和茶粕等系列产品。茶饼可生产有机肥、生物农药和机床抛光粉。茶壳可提炼茶碱、栲胶，制造洗发香波等。树干、根部可用于盆景雕刻，制作砧板、生产生活物品、木柄等。茶树开花量大，花香，树常绿，可作为庭院绿化树和蜜源。随着科学技术的进步与发展，对油茶果有效成分的研究不断深化和完善，油茶果加工和综合利用技术也逐步成熟。2009年，全国14个油茶主产省（区、市）共有油茶加工企业659家，油茶籽设计加工能力可达424.83万吨，每年可加工茶油110.79万吨，油茶加工业已经形成一定发展规模，具备一定基础。油茶副产品综合开发利用技术进一步成熟，目前可年产茶粕68.39万吨，茶皂素1.86万吨。

（3）发展目标

《全国油茶发展规划（2006—2020）》的发展目标：油茶种植总规模达到7000万亩，稳产后，通过抚育改造的油茶林年亩产茶油可达25千克，更新、嫁接和新造油茶林年亩产茶油40千克以上，全国茶油总产量达到250万吨。同时，形成相对完备的油茶产、供、销产业链条，逐步形成资源相对充足、利用水平高、产出效益显著的油茶产业发展格局。

4.4　林下经济发展现状

林下经济是以生态学原理为基础，遵循技术、经济规律建立的一种有多种群、多层次、多序列、多功能、多效益、低投入、高产出的高效、持续稳定的生产系统。它突破了传统单一的农林生产方式，形成以林为基础的一个复合的、开放的、具有整体效应的生产系统。这种复合生产系统能有效地提高土地资源利用率，促进太阳能和有关物质在系统内的多项循环利用，实现整个系统在空间与时间上的高效运转。

林下开展生产在我国已有悠久的历史，有关农、林、牧、副、渔综合经营的思想早在春秋战国时期就已经形成。在我国的历代农书中，大多都论述了综合性农业，即把种植业、养殖业与森林资源的保护联系在一起，达到“相继而生成，相资以利用”，并获得显著的经济收益。美国未来学家托夫勒认为，中国的农、林、牧、副、渔结合的“生态系统耕作制”若能和太阳能、沼气、遗传工程及计算机构成一体，将是一个巨大的突破，将成为世界上的一个范例。

4.4.1　林药模式

林药复合经营，在农业产业结构上能够促进多种产业的协同发展，在生产经营时间上能够实现长、中、短结合，在土地空间利用上能够实现上、中、下配置，在效益上能够实现生态效益、经济效益、社会效益的有机结合。因此，林药复合经营在农业产业结构调整、林区生产的转变和生态环境建设中都将发挥独特的作用。适宜于林下栽种的药材，一般是喜湿耐阴的草本、藤本或灌木，如人参、西洋参、桔梗等。在幼龄林种，也可发展一些喜阳的草本中药，如菊花、柴胡等。

林药模式可以有效利用林木与药用植物在土地和光能资源利用方面存在的时空差异，如生长周期的长短、发育期的早晚、根系分布的深浅、叶面层的高低等，形成互补、互利、合理的群体结构。

在开展林下药材种植时，首先要根据不同树木与中药材的生物学特征，组成合理的田间结构。第一，选用的中药材品种要以耐阴性、浅根性为主；第二，配置比例要适当，坚持营林为主，优势互补的原则；第三，间套种植本地的优势、地道药材；第四，加强田间管理，互促互利，控制矛盾，以确保双丰收；第五，还要注意不能互相传播病虫害，所以中药材不能是森林病虫害的中间寄主等。

4.4.2 林禽模式

在林下种植牧草或保留自然生长的杂草，在周边地区围栏，养殖柴鸡、鸭、鹅等家禽。树木可以为家禽遮阴，是家禽的天然氧吧，还能通风降温，便于防疫，十分有利于家禽的生长。而放牧的家禽吃草，吃虫，不啃树皮，粪便能肥林地，与林木形成良性生物循环链。在林地建立禽舍省时省料，投资少，林地生产的禽产品市场好，价格占优。

林地野草茂盛、营养丰富，使家禽有了主要饲料来源；其次，林地是金龟子、蟋蟀、蚱蜢、地老虎等昆虫的滋生温床和藏身之地，它们也可作为家禽的营养来源。由于林地树冠遮阴，夏季温度能比林外气温低 2～4℃，比普通封闭式禽舍低 4～8℃，更适合家禽健康生长，能够使蛋鸡产蛋量提高，肉鸡生长加快。同时林木也是天然的灭菌器和滤毒器，除了制造氧气外，还可散发出植物灭菌素杀死多种病菌。

优良品种是林下养殖的生命线，选择好的饲养品种是林禽模式取得经济效益的关键一步，家禽品种选择要适合本地气候条件，同时也要符合市场消费需求，主要选择具有较强的适应性和抗病力的品种。林地养殖需要采用舍饲和放牧相结合的方式，应根据设施要求、当地条件、养殖规模及资金状况来决定，建立棚舍遮风挡雨，在冬季还能起到保温作用。

4.4.3　林花模式

林花模式是在林下种植耐阴性的花卉和观赏植物，充分利用林下空地及资源的一种林下经济发展模式。开展林下花卉种植的主要造林树种有樟树、桂花、紫薇、广玉兰、悬铃木等，多为常见的园林植物树种。

适合林下种植的花卉主要为耐阴性花卉，有石蒜类、百合属、水仙类、萱草、毛地黄、玉簪、三叶草、孔雀草、地被菊、垂盆草、麦冬、吉祥草、万年青、地锦、美人蕉等。

开展林下种花，适宜在土壤深厚肥沃、腐殖质含量高的园地进行。林木栽植宜采用较大株行距，为花卉提供足够的营养空间，并且方便花卉栽培时的各种作业要求。由于花卉的市场价值高，经济周期短，往往是栽培管理的重点。但同时要注意对林木的抚育，以保证维持较为稳定的林地环境，同时获得大规格的木本绿化苗木。

林业产业在维护国家生态安全，促进农民就业、带动农民增收、繁荣农村经济等方面，有着非常重要和十分特殊的作用。森林通过农村经济活动和各种林产品为人类社会可持续发展做出贡献。我国林业产业增长迅速，已成为国民经济中的重要版块。速生丰产林经历了试点发展、大规模推广和可持续发展三个阶段，每年营造速生丰产林面积在 19 万公顷以上。经济林中，核桃、大枣、油茶等林种的产业化发展已经初具规模。林下经济的林药模式、林禽模式、林花模式也有较大规模的发展，为国民经济的发展做出了重要贡献。

5 城市之林

城市是人类文明的重要组成部分，森林是孕育人类文明的摇篮。森林作为地球上可再生自然资源及陆地生态系统的主体，在人类生存和发展的历史可中起着不可替代的作用。森林有地球之“肺”的美称，它能大量地吸收二氧化碳，不断制造人类和其他生物所需的氧气。森林是氧气制造厂，是粉尘过滤器，是天然蓄水库，是天然空调……，森林带给我们无穷无尽的好处，森林是整个国民经济持续、快速、健康发展的基础，它在国家经济建设中具有不可替代的地位和作用。城市与森林和谐共存，人与自然和谐相处是当今世界生态化城市的时代潮流和发展方向。森林环城、林水相依已成为一种新的城市建设理念，国内各大城市也都纷纷开展森林城市建设工作，开展林业生态建设，大力发展城市森林，对城市政治、经济和文化发展，提升城市品位具有十分重大的意义。

5.1 观赏树种的起源和发展

关于观赏植物（花卉）的文字记载，最早始于公元前 11 世纪商朝甲骨文中，但不是现在花卉一词的含义，花和卉两字各有其意，花是指开花植物的花而言，卉则为各种草的总称。公元 6 ~ 7 世纪，《梁书·何点传》中才真正出现花卉二字，即指有魅力的花和草，这说明从那时起人们开始利用和欣赏花卉。

战国时期（前 475—前 221）是中国封建社会的开端，宫室庭院中广植花草树木，并形成了园林的雏形。此时人们对花卉的应用和欣赏已开始带有感情色彩，以情赏花，以花传情之趣体现在劳动与生活中。这在中国最早的民歌总集《诗经》以及《楚辞》《礼记》《博雅》等古籍中都有记载。如诗经中记“维士与女，伊其相谑，赠之以芍药”“昔我往矣，杨柳依依”等，都是记述当时男女青年相爱或亲友之间别离时用芍药切花、柳枝以及其他芬芳花枝相互赠送表达爱慕或惜别之情。《楚辞·离骚》中记“余既滋兰之九畹兮”，文中之兰是指菊科的泽兰，古代称兰草、佩兰，茎叶含芳香油，又可杀虫，深受古人喜爱，认为此花“能杀虫毒、除不祥”，又视为此自喻，比拟自己的高洁品德，抒发自己忧国忧民不得志的惆怅之情。这些都说明这一时期，花卉在我国的栽培亦相当广泛，在我国先民的生活和精神生活中都起过相当大的作用。

秦汉时期，封建统治者出于维护封建秩序和显示王权威严的政治目的，统治阶级将花卉制品视为表彰功臣、宣扬王室功业的主要方式。

魏晋南北朝时期，玄学的发展、佛教的传入、西行求法等活动为古代文化艺术的形成、中西文化的交流起到一定的积极作用。在大量修建佛教建筑（寺、塔、石窟）和都城建筑的同时，也促进了园林建设的发展与花卉栽培，使花卉由纯生产栽培走向观赏栽培。皇家权贵广辟园苑，大造温室，穿池堆山，遍植奇花异木；民间种花、卖花、赏花也渐成风尚。有关花卉的书、诗、画、歌、工艺品、艺术品陆续面世。例如，记载花卉科学技术方面的书籍有北魏贾思勰著的《齐民要术》、西晋嵇含著的《南方草木状》，后者是世界上最早的植物分类学专著。

至隋、唐和两宋时期，随着大唐盛世的百业兴旺、宋代的稳定与繁荣，养花、赏花蔚然成风。据传，当时点茶、挂画、燃香和插花合称“四艺”，成为当时社会特别是文人士大夫阶层的时尚。花卉工艺品和花卉绘画以及盆景、插花等艺术品层出不穷，可称中国史上花文化发展的鼎盛时期。此时，著名的花卉专著专谱也相继问世，如《魏王花木志》、《园庭草木疏》（唐·王方庆）、《平泉山居草木记》（唐·李德裕）、《本草图经》（宋·苏颂）、《扬州芍药谱》（宋·王观）、《菊谱》（清·弘皎）、《梅花喜神谱》（宋·宋伯仁）等。

明清两代，是中国各类花卉著作甚多且内容全面丰富、科学性较强的时期。这标志着中国花卉栽培和应用理论的日臻完善和系统化。花史、花谱等屡见不鲜，尤其是插花专著的面世，对日本花道界也产生了深远影响，至今仍为中外插花艺术家借鉴。这一时期内，著名的花卉专史、专谱和专著有《群芳谱》（明·

王象晋)、《本草纲目》(明·李时珍)、《长物志》(明·文震亨)、《灌园史》(明·陈诗教)、《花史左编》(明·王路)、《汝南圃史》(明·周文华)、《罗蓠斋兰谱》(明·张应文)、《花境》(清·陈淏子)、《广群芳谱》(清·汪灏)、《菊谱》(清·李奎)、《凤仙谱》(清·赵学敏)等。盆景艺术著作有《盆景》(明·吴初泰)、《盆景偶录》(清·苏灵)、《素园石谱》(明·林有麟)。插花艺术专著和涉及插花艺术的著作有《尊生八笺》(明·高濂)、《瓶花三说》(明·高濂)、《瓶花谱 > (明·张谦德)、《瓶史》(明·袁宏道)、《瓶史月表》(明·屠本畯)、《浮生六记》(清·沈复)。

清末以来至新中国成立前夕，由于中国连年战患，国力下降，花卉业停滞，花田几近荒芜。花卉资源及名花品种屡被掠夺，或大量流失，仅有少数地区经营花卉栽培。新中国成立后，随着国民经济的恢复与发展，城市园林建设逐渐受到重视，中国花卉业有了蓬勃的发展，如菏泽、洛阳的花农重整花田，收集品种，恢复牡丹生产；武汉园林部门积极开展荷花品种的收集整理和研究，等等。

近年来，在改革开放政策下，百业兴旺，人民生活水平不断提高，观赏植物作为一种产业得到空前发展。园林观赏植物及其产品再次走进国民经济领域中，成为高校农业生产的组成部分，正朝着商品化、专业化方向迈进，很多地方已经形成了自己的特色产业。目前，全国已有百余个城市选定了市树和市花，每年各地有花市或专业性花卉展览活动，加速了花卉科技、花卉艺术方面的交流与切磋。花卉业的兴旺，花文化的深入发展，是中国改革开放的新成就，展现着中华民族创造现代文明的新姿态。

5.2　观赏树种的价值

人类从迁徙转为定居，由农村走向城市的整个发展过程已有 5000 多年的历史，随着城市规模的扩大、各种设施的完善以及人口的增加，城市化进程也越来越快。城市化是人类社会经济发展和科学技术进步的产物，是人类走向文明、生活走向富裕、社会持续发展的重要标志，是一个国家现代化水平的重要标志，是人类文明进步的必然结果。但是由于城市化的发展，城市环境的逐渐恶化，人们对生态美学的追求也越来越高，再加上城市可持续发展需求，人们把目光转向了陆地上功能最强的生态系统——森林。把“森林引入城市，将城市建立在森林中”已经成为人们的迫切需要。从20世纪60年代中期开始，一些发达国家把林业的研究重点转向城市，并逐步形成了现代林业的一个重要的专门分支——城市林业。城市林业是“以服务城市为主旨的林业”，它是园林与林业融为一体的林业，是城郊一体化，集生态、经济、社会效益为一体的林业。城市林业既是园林的扩大和延伸，又是传统林业的凝练和升华。

观赏植物作为城市林业的主要组成部分，被视为城市之“肺”，具有独特的生态服务功能，同时观赏植物广泛参与城市生态系统中物质、能量的高效利用，在社会和自然协调发展系统动态自我调节中起重要作用，从而在生态环境、经济和社会这些方面发挥着越来越大的效益。

5.2.1　观赏植物的生态效益

观赏植物在城市生态系统中起着动态调节作用，其主要是通过其生态效益来实现。观赏植物的生态效益主要有以下几个方面：

（1）改善城市小气候

城市森林是气温和地温的“调节器”、太阳辐射的“吸收器”。对改善城市小气候有明显的作用。观赏植物的降温作用明显，它对温度的降低作用主要有三种机制。

观赏植物吸收的太阳辐射能，除一小部分用于光合作用转化为化学能外，绝大部分用于树木的蒸腾作用而降低气温（一株成年树生长季节，一天可蒸腾约44千克水，相当于5部10 450焦/时的冷气机开20小时）。据估算，树冠覆盖每提高1%，树木中午降低温度2～4℃，冠下地上15米处高度比无树木覆盖区域低7～13℃。

观赏植物通过反射和吸收太阳辐射而降温。观赏植物吸收和反射太阳辐射，使达到林下的光照强度大大减弱，根据N. J. 罗林堡研究，单片叶子对可见吸收约75%，反射约15%，透射约10%。一般而言，植物对太阳光的反射率为30%～60%，对红外线范围的反射率可高达90%以上，而城市下垫物的建筑材料沥青仅为4%，鹅卵石铺装为3%。相比而言，观赏植物对太阳辐射有较好的反射作用。

植物通过叶面大量水分的蒸发带走热量，提高空气周围的湿度而降温。观赏植物的蒸腾作用强大，1 株成年大树，1 天可以蒸发 4 千克水，使林下空气湿度明显上升。夏季行道树能提高街道上的相对湿度 10% ~20%，1 公顷林木增加的空气湿度相当于相同面积水面的 10 倍，空气湿度增加了，水分蒸发又会带走更多的热量，使气温进一步降低。

（2）维持二氧化碳和氧气的平衡

由于城市人口稠密，工业生产密集，呼吸和燃烧消耗大量氧气，并积累二氧化碳，如果在无风或微风的情况下，大气交换不充分，势必会造成城市局部地区氧气供应不足，对人体健康带来危害。迄今为止，任何发达的生产技术都代替不了植物的光合作用，只有城市绿地才能保持二氧化碳与氧气的平衡。因此观赏植物具有“天然固碳场”和“天然氧吧”的美称。据研究测定，树木每吸收 44 克的二氧化碳，就能排放出 32 克氧气；树木每生长 1 吨的生物量，可以吸收 1600 千克二氧化碳和水分，产生 1200 千克氧气。树木的叶子通过光合作用产生 1 克葡萄糖，能消耗 2500 升空气中所含有的全部二氧化碳。树木在生长旺季，1 公顷的阔叶林，每天能吸收 1 吨二氧化碳，释放出 750 千克氧气 。一株 10 年生的山毛榉（叶表面积 1600 平方米），每小时可吸收 2. 35 千克二氧化碳，释放 1. 71 千克氧气。另据有关专家测算，1 公顷城市绿地在 1 小时内可吸收约 8 千克二氧化碳，相当于 200 人相同时间的呼吸量。

（3）缓解“热岛效应”

当前，随着城市化速度的加快，城市的热污染越来越严重，忽视燃料的燃烧，人的呼吸及城市下垫面（城市的下垫面除少量公共绿地外，绝大部分地面为砖石、水泥、柏油或混凝土铺砌）的改变，使城市热量增加，导致温度升高，形成“城市热岛”，对人体健康产生危害。

观赏植物通过蒸腾作用将液态的水由叶片的气孔以气态形式散发到空气中，并从环境中吸收热量，降低周围环境的温度，增加湿度，达到植物蒸散冷却的效果。此外，森林树冠还能遮挡来自太阳的直接辐射热和来自地面、墙面和其他相邻物体的反射热，从而使林分有了降温的效果，进而缓解城市的“热岛效应”。

（4）防止和降低污染

观赏植物有吸附、吸收污染物或阻碍污染物扩散的作用。树木能吸收二氧化硫、氮氧化物、氨、氟化氢和汞、铬等重金属，如加拿大杨可吸收空气中二氧化硫含量的70%，氮氧化物含量的67%。城市森林吸附灰尘及悬浮颗粒，随降水冲刷到地面，每公顷绿地每年滞留数百千克至数十吨灰尘及悬浮颗粒。通过这两条途径，观赏植物就可以起到很好的防止和降低污染的作用。

1）观赏植物能减少大气污染和酸雨：

a. 观赏植物大气污染：

观赏植物对大气污染的直接净化作用：城市内工业生产相对集中，大气中含有1000种以上的有害气体，不仅造成严重的大气污染，而且直接对人体健康造成危害。根据国内外专家对大气污染与植物关系的研究，在大气污染不超过植物受害的临界浓度和临界时间范围内，植物能吸收大气中的氟化氢、二氧化硫、二氧化氮、氨气等有毒气体。一氧化碳和一氧化氮虽不能被植物吸收，但一氧化碳能被土壤微生物吸收，一氧化氮可转变为二氧化氮而被植物吸收，所以说植物能直接净化空气，减少大气污染。

观赏植物通过产生负离子净化空气：空气负离子既能还原来自大气的污染物、氮氧化物、香烟等产生的活性氧（氧自由基），减少过多活性氧对人体的危害，也能使带正电的空气飘尘中和而变为无电荷后沉降，从而使空气得到净化。而观赏植物能以其特有的森林小气候成为产生空气负离子的良好环境，换句话说，观赏植物具有净化空气的作用。

b. 观赏植物能降低酸雨危害：二氧化硫是形成酸雨危害的主要气体，观赏植物通过叶片的吸收作用对二氧化硫进行净化，能有效减少酸雨危害。

2）观赏植物有杀菌和滞尘的作用：

a. 观赏植物的杀菌作用：空气中细菌的含量是评价城市环境质量优劣的重要指标之一，城市空气中约有37种杆菌、26种球菌、20种丝状菌和7种带状菌。一般情况下，每立方米城市空气中的含菌量比森林区高7倍多。观赏植物具有杀菌作用的物质是其在新陈代谢过程中分泌出来的香精、有机酸、醚、醛和酮等化学物质。如松树分泌的杀菌素能杀死白喉、痢疾、结核病的病原微生物，每公顷桧柏林每天能分泌出 30 千克杀菌素。森林还能产生称为“空气维生素”的负离子，起到杀菌的作用。

b. 观赏植物的滞尘作用：观赏植物具有滞尘功能主要是因为树叶表面不平，多绒毛，且能分泌黏性油脂。同时树木具有降低风速的作用，风速降低，空气中的大颗粒污染物就会沉降下来，然后树木可以利用庞大的叶面及其柔毛和粗糙的干皮，吸附飘在城市空气中的悬浮尘粒，借降水将其冲刷至地面，净化城市空气。林木的叶片可以吸收一部分空气中的尘埃。观赏植物滞尘率达 70%～90%，每公顷森林每年能吸附 50～80 吨粉尘，城市绿化地空气含尘量比一般非绿化地带少一半以上。

3）观赏植物有减轻土壤污染的作用：土壤污染可以由大气污染和水质污染而引起。工厂排出的含有重金属的废气、烟尘和其他有害气体，工业废水、废渣，农业上施用的化学农药、某些毒性除莠剂及污水灌溉等都会污染土壤。土壤污染后，能引起土壤酸化或碱化，影响有些作物的正常生长发育，利用某些植物根系对土壤中污染物质的吸收，就能减轻土壤污染。

4）观赏植物有净化水体的作用：研究证明，树木根系可以吸收水中的溶质，减少水中的含菌数量。观赏植物对水域的净化，主要是通过植物分解和转化某些有毒物质实现的。在有毒物质浓度较低的情况下，植物能吸收某些有毒物质，并在体内将有毒物质分解和转化为无毒成分。例如，植物从土壤水中吸收丁酚，丁酚进入植物体后，就能与其他物质形成复杂的化合物，而失去毒性，对水体产生净化作用。

5）观赏植物有减少噪声污染的作用：在城市里有机器的隆隆声、汽车鸣笛声、人们的说话声、飞机的轰鸣声……，各种声音交织在一起，仅靠建筑物和消音措施很难将这些噪声消除。而观赏植物对治理噪声有明显作用。树木能减少噪声污染，是因为噪声能投射到枝叶上被反射至各个方向，造成枝叶微振致使声能消耗而减弱。设计和配置合理的乔灌木种植组合可减少城市噪声，高大稠密而宽阔的林带加上松软的森林地表也可使噪声减少 50% 左右。

（5）防风固土

观赏植物的树冠具有明显的降低风速的作用，植物根系又通过对土壤的固定而达到固土的目的。

（6）涵养水源

观赏植物通过树冠拦截、蒸腾作用、降低雨滴冲撞力等多种途径减少径流，不仅能涵养水源，也能减轻城市排水系统的压力和消减洪峰。

5.2.2 观赏植物的社会效益

（1）直接经济效益

观赏植物的直接经济效益主要来自于树木的物质生产和其创造的良好环境。

1）观赏植物能生产丰富的食品资源而获得直接经济效益：观赏植物产生的食品资源主要有蔬菜资源（竹笋、香椿、木耳等）、淀粉类资源（板栗、葛根、枣、魔芋等）、食用油脂类资源（油橄榄、油茶、核桃等）、保健饮料类资源（茶叶、可可、咖啡等）、饲料类资源、药用资源（灵芝、柴胡、虫草等）、蜜源林、森林肉食资源、调料资源（花椒、胡椒、八角、桂皮等）和竹藤资源等。

2）城市森林公园和植物园的门票收入和经营文化娱乐活动的收入：城市森林公园和植物园以优美的环境吸引游客游览，创造门票收入，也能通过开展有特色的展览活动（如樱花展）创造收入。另外，森林公园里增设一些游乐设施，也能带来经济效益。据中国经济网北京4月28日报道，在第七届中国城市森林论坛上宁波市副市长陈炳水表示，森林旅游已成为宁波市民休闲度假的最多选择。全市目前已有市级以上农家乐特色村、休闲旅游示范点共74个，2009年，接待游客达647.6万人次，实现营业收入5.7亿元。从这一个例子我们可以看出，城市森林旅游（主题是观赏植物）可以为一个城市带来可观的经济效益。

（2）间接经济效益

观赏植物的间接经济效益，主要体现在三个方面。一是以生态、休憩、观赏等价值为目标，为城市环境中受压抑的居民提供回归大自然的途径和优质的室外环境。二是具有良好的生态环境效益。三是减少了治理环境问题的费用。

5.2.3 观赏植物的社会效益

(1) 文化教育功能

近年来西方发达国家的城市绿地建设除了注重回归自然的模式外，还十分注重城市绿地的教育功能。目前，我国的城市绿地还很少有这方面的考虑。城市绿地植物群落的教育功能主要体现在植物对人本身的直接影响和满足人们对自然界生命活动知识的需求这两个方面。

生活在城市里的孩子，对各种野生植物的了解更多的是通过书本、图画和电视，城市里的森林公园、植物园便是活生生的教材，使得他们在娱乐的同时更获得知识。而且，建设以观赏植物为主的自然化的城市绿地植物群落模式，增加植物群落的物种多样性，也有助于青少年了解森林生态系统内部各个物种间和谐共处的生活方式，崇尚自然美，更贴近自然，树立人类必须与自然协调发展的科学思想，激发他们保护环境和保护生物多样性的热情。这些都是植物对人本身的影响。

此外，城市里的国家公园和植物园内的森林，一般都会在相应的树木上挂牌，这些牌子上不仅会标明树的名字和科属，有些还标明了它们的特点及利用价值，这就使得人们在游览的同时得到关于这些树木的相关知识，丰富他们的知识，增长他们的见识。

(2) 休闲游憩功能

城市森林创造了绿色的世界、优美的风景、宜人的气候、清新的空气和幽静的环境，为生活在城市里的人们提供了休闲游憩的好去处。在森林里不仅能呼吸到新鲜空气，也能听听鸟叫、看看动物，感受生命的活力和美好。在游览森林的同时不仅能使自己的身心得到放松，也能陶冶自己的情操。

(3) 美化环境

城市绿地中一般会栽种参差错落的树木，形成错落有致的自然环境，创造直接的美感。城市森林柔化了城市建筑的线条，将城市的线条勾勒得更加清晰，烘托了建筑物的美，相应地弥补了“水泥森林”所造成的景观退化。四季树种的搭配更让城市森林错落有致的自然环境美在空间和时间上都有所展现。缤纷的城市森林，使城市居民安居乐业，享受生活，弥补了城市居民与大自然隔离的乏味生活空间，美化了城市环境。

（4）促进科学技术进步

城市绿地中具有丰富的生物资源和特定的生态环境，为环境资源学和生态环境的研究提供了实验基地。城市化进程中濒危物种的保护和种质资源的保存与扩繁等许多课题都成为生物学研究的重要领域。随着研究的进展，科学技术自然也会进步。城市森林的构建、观赏植物学科的发展还有利于普及科学知识、提高文化素养、弘扬生态文明和倡导森林文化，为科技进步打下良好的基础。

5.3 观赏植物

凡以观赏为目的，具有一定观赏价值的观叶、观芽、观茎、观花、观果植物，统称为观赏植物。我国地域辽阔，观赏植物资源极其丰富，在已有记载的3万多种高等植物中，我国原产栽培的乔灌木就有7500多种，其中还包括世界早已绝迹的稀有树种，如被称为活化石的银杏、水杉、金钱松、鹅掌秋等。有的观赏植物在世界种类总数中占绝对优势，如全世界山茶花属植物共有220多种，我国就有195种之多，不但种类繁多，而且品种齐全，丰富多彩，琳琅满目。观赏植物的种类繁多，所包括的门类又杂，为了便于学习和研究，就必须对其进行分类。

5.3.1 观赏植物的分类

观赏植物的分类体系，至今尚未统一，一般采用系统分类法和人为分类法。系统分类法是根据植物的进化系统和亲缘关系进行分类，它反映植物在自然演化过程的客观规律，是一种科学的分类方法。界、门、纲、目、科、属、种（最基本单位）是系统分类中常用的分类单位。

国际植物学会规定，采用林奈创立的双名法给植物命名，作为该植物的国际统一名称，即学名。双名法是以两个拉丁文单词作为一种植物的名称，第一个单词是属名；第二个单词是种名，为形容词。有的在种名后面还需写出命名人的姓氏缩写，以便考证。

人为分类法是人们为了实际工作的方便而采用的实用分类方法，一般是根据植物的某一个或几个特征作为标准进行分类。这种分类法，虽然没有考虑植物的进化规律，但因其紧密联系生产、生活，具有实用、方便的特征，现在多采用人为的分类方法。

（1）按植物习性分类

1）草本观赏植物：

a. 一年生花卉：在一个生长季内完成整个生命史，即从播种到开花、结实直至枯死均在同一年内完成。一般春季播种，夏秋季开花结实，然后逐渐死亡。因此这类花卉常被称为“春播花卉”，如千日红、地肤、百日草等。

b. 二年生花卉：在两个生长季内完成整个生命史。播种当年一般只有营养器官的生长，不进行生殖生长和开花结实，到第二年才开花、结实，然后死亡。此类花卉一般是秋播，翌年春夏季开花，因此亦称“秋播花卉”，如石竹、雏菊等。

c. 多年生落叶类花卉：因不耐热或不耐寒，地上部分在开花后枯萎，以芽、根蘖或地下根等形式越冬或越夏的花卉，分为宿根花卉和球根花卉。

宿根花卉：地下部分形态正常，不发生变态，如菊花、紫菀、芍药。

球根花卉：地下部分发生变态，包括根的变态和地下茎的变态。①块根类。地下根变大呈肥大块状，仅在块根顶端处发芽，如大丽花、花毛茛。②鳞茎类。地下茎极度缩短，形成扁平的鳞茎盘，有叶包裹成球形，如百合、水仙、郁金香。③球茎类。地下茎缩短肥大，呈球形，内部实心，外部仅有数层膜质外皮，在球茎顶段着生肥大顶芽，侧芽不发达，如唐菖蒲、仙客来。④块茎类。地下茎肥大成块状，外形不规则，其顶端有发芽点，可萌芽生长，如马蹄莲、大岩桐。⑤根茎类。地下茎肥大而形成粗大的根状，有明显的分枝，每节上生侧芽和根，如美人蕉、荷花。

d. 水生花卉：能在水中和沼泽地中生长的花卉。体内通气组织特别发达，根、茎、叶又形成相互连接的通气组织系统，叶片很薄，常分裂成带状、线状，有的形成异形叶。植株有较强的弹性和抗弯曲能力等。

沉水植物：整个植物体沉浸在水中，如金鱼藻。

浮水植物：叶片漂浮在水面，如睡莲、凤眼莲、菱。

挺水植物：茎叶大部分挺生在水面以上，如芦苇。

e. 多浆植物：指茎、叶具有发达储水组织，呈肥厚多汁变态的植物。植物蒸腾面积很小，表面有很厚的角质层，有些种类叶已退化，而以茎进行光合作用，有极强的抗旱能力，如仙人掌科、畨杏科、景天科、大戟科、菊科、龙舌兰科、马齿苋科。

2）木本观赏植物：

a. 乔木类：具有明显主干，高度在5米以上的树种，如雪松（大乔木）、女贞（中乔木）、紫叶李（小乔木）。

b. 灌木类：植株较为低矮，通常在5米以下，枝干丛生和无明显主干的树木，如连翘、蜡梅。

c. 藤本类：不能直立生长，必须缠绕或攀附它物向上生长的蔓生树种。借气生根攀援的有常春藤；借卷须攀援的有葡萄；借吸盘攀援的有爬山虎；借缠绕茎攀援的有紫藤；借蔓茎攀援的有野蔷薇。

d. 匍地类：干、枝均匍地生长，接触地面后能长出不定根的树种，如匍地柏。

e. 观赏竹类：如佛肚竹、菲白竹。

（2）按生态学习性分类

1）温度：按各种花卉植物耐寒能力的大小，将它分为以下几个类型。

a. 耐寒花卉：抗寒能力强，在我国西北、华北、东北南部地区可以露地越冬，如百合、美人蕉等球根花卉。木本观赏植物中如榆叶梅、丁香、月季等。

b. 低温花卉：在我国长江流域可露地越冬，而在北方严寒地区则需加以保护方可越冬，如紫罗兰、金鱼草等二年生花卉。木本植物中如桂花、夹竹桃等。在我国北方严寒地区作为盆栽，冬季需移入不低于0℃的冷室中越冬。

c. 中温花卉：产于我国广东、广西、福建、云南等亚热带地区南部的花卉，如一叶兰、兰花、五色梅、橡皮树等。

d. 高温花卉：在生长期内要求高温的花卉，如仙客来、白兰花等。

2）光照：光照是绿色植物光合作用的能量源泉，植物的生长、形态、内部结构、分布、蒸腾等方面都受其影响。

a. 光照强弱：按其对光的要求强弱不同分为三个类型。

阳性花卉：如香石竹、旱金莲，水生花卉中的睡莲及多肉植物都属于阳性花卉。

阴性花卉：如兰花类、杜鹃类及秋海棠。

中性花卉：如南天竹、昙花、八仙花等。

b. 光照长短：根据花卉植物通过光照阶段对光周期的反应和要求，一般把花卉分为三种类型。

短日照花卉：一般要求每日光照短于12~14小时，如菊花、一品红。

长日照花卉：一般要求每日光照时间在13小时以上，如唐菖蒲、米兰。

中日照花卉：对日照时间的长短没有明显的反应，只要环境适宜一年四季均可开花，如月季、扶桑、天竺葵等。

3）水分：花卉对水分有不同的要求，大致有以下几个类型。

a. 旱生花卉：如仙人掌类多肉植物。

b. 湿生花卉：如海芋等。

c. 水生花卉：如荷花、睡莲等。

d. 中生花卉：还有一些适宜生长在湿润排水良好的土壤中，但过干与过湿都对其生长都不利，如紫薇、海棠、绣球花等。

4）土壤：根据花卉对酸碱度的要求，可将花卉分为三种类型。

a. 酸性土花卉：如杜鹃、山茶类、栀子、五叶松等。

b. 微碱性土花卉：如石竹、天竺葵、飞燕草等。

c. 中性土花卉：如秋海棠、报春花等大多数露地栽培花卉。

（3）按观赏部位分类

1）观花类：以观赏花形、花色、花香为主，如杜鹃类、山茶类、月季等。

2）观茎类：以观赏植物茎为主，如光棍树、佛肚竹等。

3）观果类：以观赏果实为主，如金橘、石榴、佛手、南天竹等。

4）观叶类：以观赏植物叶形、叶色为主，如紫叶李、龟背竹等。

5）观芽类：以观赏叶芽或花芽为主，如银柳的肥大银色花芽、石楠的红色顶芽，以及白玉兰密生茸毛的肥大花芽等。

（4）按开花季节分类

1）春花类：如瓜叶菊、白玉兰、海棠、连翘等。

2）夏花类：如凤仙花、鸡冠花、扶桑、八仙花等。

3）秋花类：如菊花、风眼莲、石蒜、桂花等。

4）冬花类：如寒兰、仙客来、茶花等。

（5）按园林用途分类

1）庭荫树：庭荫树具备树形优美、枝叶茂密、冠幅较大、有一定的枝下高、有花果可赏等。常用的庭荫树有垂柳、悬铃木、香樟等。

2）园景树：具有较高的观赏价值，在园林绿地中能独自构成景致的树木，又称为孤植树或标本树。常用的园景树有银杏、枫香、玉兰、合欢、雪松等。

3）行道树：种植在各种道路两侧及分车带的树木总称。主要作用是为车辆和行人庇荫，减少路面辐射和反射光，降温、防风、滞尘、减噪，装饰和美化街景。常用的树种有悬铃木、槐树、银杏、白蜡、樟树等。

4）花灌木：花、叶、果、枝或全株可供观赏的灌木。具有美化和改善环境的作用，是构成园景的主要素材，在绿化中占有重要地位。如园林中用于连接特殊景点的花廊、花架、花门和点缀山坡、池畔、草坪、道路的丛植灌木等。常用的花灌木有牡丹、丁香、榆叶梅、黄刺玫、连翘、蔷薇、绣线菊、八仙花等。

5）绿篱植物：园林中用于密集栽植形成生篱的植物，多为木本植物如黄杨、女贞、火棘、木槿、紫叶小檗等。

6）攀援植物：茎蔓细长、不能直立生长、攀援支持物向上生长的植物。主要用于垂直绿化，可植于墙面、山石、枯树、灯柱、拱门、棚架、篱垣等旁边，使其攀附生长，形成各种立体的绿化效果，如蔷薇、紫藤、地锦等。

7）草坪和地被植物：从广义的概念上讲，草坪植物也属于地被植物的范畴。但按照习惯，把草坪单独列为一类。

8）切花花卉：切花是从植株上剪下的带有茎叶的花枝，常见的切花花卉有唐菖蒲、桔梗、菊花、蜡梅、满天星、月季、马蹄莲、红鹤芋、千日红等。

9）其他：花坛、盆栽花卉。

（6）按栽培方法分类

1）露地花卉：如一串红、半枝莲等。

2）温室花卉：包括草本花卉，宿根、球根花卉，木本花卉，多肉、多浆类植物等。

5.3.2 中国特有观赏植物

（1）苏铁

苏铁是古老的植物类群，有“活化石”之称，也是现代珍贵的观叶植物。全属植物约40余种，我国确定自然分布和长期栽培的有25种。在广西百色、照东地区及福建省有自然群落，有的树龄达数百年之久。

（2）银杏

银杏是原产我国、现存最古老的孑遗树种，汉末在江南已盛行栽植，多与全国各名山古寺共存，有的古树生长已千年以上，并受到保护。安徽省百年以上树龄的大树就有千余株，东海普陀山岛法雨禅寺有“夫妻”古树，高分别为24米和28米，每年果实累累。浙江西天目山海拔1 000米以下有野生植株。

（3）梅

梅是我国特有传统花果，已有3 000多年的栽培历史。梅的“祖先”就在云南，云南是在7000年前就开始采摘、利用果梅的原产地，是国际上梅的分布中心，全世界发现有4株原产梅，其中3株生长在云南。野梅在我国的次分布中心主要是沿鄂南、赣北、皖南、浙西山区一线。

（4）莲

莲是原产中国的传统名花。在辽宁盘山，天津市北大港，山东垦利、广饶，河北沧州均有两种莲花孢粉化石，海南省长昌盆地也发现莲属植物化石。20世纪40年代，在新疆柴达木盆地曾发现1 000万年前荷叶化石，这是荷花原产中国的有力佐证。中国荷花品种有300个以上。此外，在我国中南部有些地区，冬季虽可生长荷花，但温度过低，不能开花。如何在冬季使之开花，为冬季露地布置，提供有商业价值的生产也是从事荷花工作的人们所关注的问题。

（5）牡丹

中国特有传统名花，最早作为药用植物利用，至今约有 2 000 年历史，目前国内有品种 800 余个。紫牡丹在高寒的玉龙雪山上已存活百年以上。在云南中甸县海拔 3 200 米藏民居住村落旁狭窄的沟内有成片分布的黄牡丹和洁白如雪的银莲牡丹。在四川省雅江县村舍地梗边零星分布有狭叶牡丹，在金川马尔康有四川牡丹。在湖北保康县同一生境中分布有 3 个种，即卵叶牡丹、紫斑牡丹和杨山牡丹。在山西稷山永济与陕西、四川等地有植株矮小、花朵大的矮牡丹。在西藏东南部林芝、米林，有植株高大、生长健壮的大花黄牡丹。可从西北牡丹系品种中选择耐寒品种，从南方牡丹系品种中选择耐湿热品种，使牡丹栽培区分别向北、向南推移。

（6）桫椤

近年来不断有新发现的桫椤野生群落，如在深圳梧桐、三洲田和特区外塘琅山等多处就发现有 30 000 平方米桫椤自然群落，其树龄均在 50 年以上。在福建省永定县笔架山又发现以桫椤为主的野生群落，该群落由 5 个共建群落或优势种群组成，共有植物 186 种、75 科、132 属，群落保存完好，结构典型，是物种丰富的珍贵群落。

（7）山茶

我国山茶古树资源丰富，世界山茶属植物约 220 种，我国产 196 种，品种 300 多个。我国是重要的起源中心，如云南省千家寨，有古茶树群落共计 22 株，树龄约 2700 年。近年在云南玉龙雪山云峰寺发现一株有 230 余年树龄的“山茶之王”，此树由两个品种靠栽而成，一个是玫瑰色艳丽的品种“狮子头”，另一种为“红花油茶”，一年之中先后开花 20 余次共计千朵以上，花期 100 多天，又有“万朵山茶树”之称。

（8）蜡梅古树

蜡梅是我国特有珍贵植物，原产秦岭、大巴山、武当山地区，以湖北、四川、陕西交界地区为中心。全属约 6 种，全部中国原产，有悠久栽培历史。

5.4 观赏树种的应用

我国地域辽阔，地跨热带、亚热带、温带3个气候带，地形变化极为丰富，是许多名花异卉的故乡，也是世界上花卉种类和资源最丰富的国家之一。自古以来，人们就懂得利用观赏植物造园造景以丰富景观内容与色彩。

5.4.1 美化自然

利用我国众多的种质资源，可设置名花专类园。

（1）梅园

被赞“万花敢向雪中出，一树独先天下春”的梅花，自古以来就备受人们的喜爱。观赏用梅花约323个品种，花色有白、粉、红、紫、黄等色。枝干分直立、天然下垂和天然扭曲等，多有香气，可谓色、香、姿、韵俱佳。在世界上独具中国特色，享有盛誉。在冬季百花匿迹、万木萧条时，唯有梅花疏影横斜，在风雪中吐蕊喷香，是冬季观景的好去处。全国四大赏梅胜地是杭州的孤山、无锡的梅园、苏州的邓尉、广州的罗岗。

（2）桃花园

东晋诗人陶渊明在世外桃源的描绘中有“缘溪行，忘路之远近。忽逢桃花林，夹岸数百步，中无杂树，芳草鲜美，落英缤纷”的诗句。桃花一直深受人们的喜爱，自明代开始，广州的年宵花市就有大量桃花出售。每年三月桃花盛开时不仅单株的花姿优美，成片的桃花林更是灿烂如天边的云霞，令人叹为观止，不愧为休闲娱乐、踏青赏花的理想场所。作为观赏花卉的桃花广泛种植于大江南北，我国最著名的观赏桃花佳处要数北京植物园及湖南的桃花源，西湖沿岸的桃红柳绿在早春时节也吸引着无数的游人。

（3）桂花园

中国是桂花世界分布中心，久经栽培和杂交选育，形成多种多样的变异，产生大量园艺品种。“独占三秋压众芳”的桂花，有金桂、银桂、丹桂和四季桂4个品种类型，花色有白、淡黄、金黄、橙红等色，树姿优美，花团锦簇，芳香馥郁，树龄很长，是富有东方特色的花木。花开时节，香飘十里，使人流连忘返。在桂花盛开之时，盛大的桂花节深受人们欢迎，如可观赏十里桂花长廊的杭州西湖桂花节，游人可陶醉在全城桂花缀满枝头，到处飘香的花的海洋，另外还有以盛产桂花而得名的广西桂林桂花节。

（4）荷花园

自古以来，荷花就以其清香、洁净、高雅，不同流合污的韵涵而深受人们的赞叹，宋代周敦颐的“出淤泥而不染，濯清莲而不妖”的诗句就是例证。湖南岳阳每年七月“观茶赏莲”的游览活动备受国内外游人的青睐。在荷花亭亭玉立，莲蓬莲子饱满之时，游人头戴荷叶帽，在荷花的缕缕清香环境下，乘坐轻舟在荷叶丛中亲手采莲，那意境怎不使人留连忘返。

（5）落叶杜鹃园

杜鹃花被发现于1500多年前的南北朝时，唐代已有人工栽培，全世界杜鹃花品种已达5000个以上，分毛鹃、东鹃、夏鹃和西鹃四大类品种，其生长势强，花色多变，着花繁密，栽培普遍。西鹃品种最为艳丽，目前品种数已超过2 000个。

5.4.2 城市绿化

（1）造景树种

在公园、住宅小区一般以木本植物为主体进行造园、造景，所用树种除少部分常落叶树种，如银杏、落叶杉外，大多为常绿树种，大部分为乔木，高20～30米，树冠多为塔形、圆锥形、长圆形。冷杉、云杉、圆柏、红豆杉、台湾杉、柳杉等因其树姿秀丽，常年苍翠浓绿而深受欢迎，是温带和亚热带高山地区城市园林中不可缺少的观赏树种。过去的园林景观多以松、柏、竹、玉兰、梅花为主体，现在地方树种正日益受到重视，其中特别是木兰科、樟科、金缕梅科、槭树（特别是红叶类或黄叶类）、樱花、珙桐、朴树等是最具发展前途的类群。

（2）行道树

过去中国城市行道树的种类极为简单，北方多为杨树，南方多为雪松、悬铃木、银桦等。行道树是一个城市绿化的骨干，一般要求为干直、枝叶繁茂、树冠浓荫，花色鲜艳而花期长，耐修剪而萌发率高，无毒、无臭味，抗病虫害强的树种，并具一定抗烟尘的能力。因此，选择城市行道树种有一定难度。花卉、绿化树种是色彩的来源，是季节变化的标记及城市绿化的主体。除观花植物外，亦需观叶、观果、观奇特树姿的种类。除常绿树，亦需一定的落叶树种，可供选择的种类极为丰富，除上面已提到的针叶树种外，阔叶树种中木兰科、樟科、金缕梅属、槭属、樱属、紫薇、椴树、柳、杨、梧桐、榆、朴、珙桐、七叶树、合欢等均可因地制宜选择使用。

（3）庭院观赏

多以灌木为主，种类极为丰富，如杜鹃、小檗、素馨、蜡梅、樱花、桂花、蔷薇、绣线菊、旬子等，数不胜数。

（4）其他

如绿篱用材、垂直绿化与棚架植物，花坛布景、盆栽植物和盆景植物，庭院前湿地和室内装饰萌生植物，石山造园等所需的植物种类，均可依据不同气候环境选择所需的适生种类。

5.4.3 餐桌美味

“民以食为天，食以味为先”。观赏植物的鲜花除了观赏外，还有一大功能就是食用。鲜花色彩艳丽，有利于增加食欲，且含有各种营养成分，尤其是各种维生素。另外，纤维和花色素等对人体有一定的保健作用。如萱草全株都可食用，萱草的花蕾即黄花菜有多种吃法，嫩叶可拌制色拉或拖上面糊炸食；荷叶可制作荷叶鸡、荷包饭、荷叶粉蒸肉、莲蓬火鸡等，色香俱佳，诱发人的食欲；菊花可制成菊花汤、菊花炒蛋、菊花肉丸、油炸菊叶、腊肉菊花饼等。我国南方的菊花三蛇羹、菊花鸳鸯鸡、凤巢菊三丝别具风味，尤以“蛇馔菊花成虎羹”为绝品。此外，香葱、仙人掌、芥子花、秋海棠、旱金莲、南瓜花、春萬苣、金盏花等也是餐桌上的美味佳肴，均有多种烹调法。

5.4.4 制作小商品

花卉小商品以其独特性和地方性而深受人们欢迎，许多花卉产地已着手开发制作花卉小商品。如桂花之城桂林制作出售的桂花茶，张家界的玫瑰花蕾茶，杭州的杭白菊、西湖藕粉、桂花糖等都是很有名气的地方特产。广东梅州则以“建设梅州为梅花之乡”为方向，在大量栽种观赏花梅的基础上，还重视果梅的栽培和开发，将其梅子加工制作成陈皮梅、话梅、梅干、梅子酱、梅子酒、酸梅汤等系列产品销售。

此外，还可利用先进技术开发花卉类纪念品。如北京百卉农科技开发部利用无土栽培技术开发的植物娃娃外形各异，游客购买后娃娃在吸足水、始终保持湿润的环境下，经过7~12天，头上可长出“头发”（草），待“头发”长到3厘米以上时，则可按其意愿修剪发型，深受游客的喜爱。云南是生产花卉的大省，在出售鲜花的同时制作压花（将小型花卉经压制、染色、干燥后做成小花卡、小壁挂）和干花（将花卉脱脂、漂白、干燥后制成的花束、花篮），这些也是别具一格的小纪念品。

5.5 观赏树种的发展趋势与展望

近年来，观赏植物的生产和消费出现了很多新的特点。

5.5.1 艺术造型植物

近年来，一些艺术造型植物应运而生。如京都菇业开发中心利用灵芝独特、美丽的外形这一观赏功能与工艺制作相结合，制作出艺术造型盆景灵芝镶嵌图、“二龙戏芝”等。此类艺术造型植物的面世，满足了人们的猎奇和审美心理，在市场上独领风骚。

5.5.2 观花赏果植物

如一种花期长达四五个月的新型花果植物——牡丹花石榴。该品种是经杂交、优选、提纯培育出来的集观花、赏果、食用为一体的珍稀花果树品种，填补了国内外花卉业的空白。该品种有六大特点：花朵大，花色、形状、大小极似牡丹，最大直径达12厘米；花期长，花期从每年5月到国庆节前夕，为牡丹花期的20倍，在我国南方栽培，花期会更长；花量多，5年树龄开花量达2000～3000朵；开花早，部分小苗离地面3厘米即开花；果实大，一般的单果重500克，最大760克，果色全红、光亮或黄里透红，籽粒红色透亮，味甜微酸、口感好；栽培易，对土壤的要求不严，南方、北方均可种植。

5.5.3 香味植物

在各大城市一些能不断释放香味的植物正悄悄地步入人们的生活。这类植物用途广泛，可用于盆栽观赏绿化、香化环境，生产保健蔬菜，制造香囊、香枕、佐料，提炼天然香精，作食品工业原料等。香味植物是有着广阔开发前景的种植业新种类。香味植物有百里香、香回芹、千层楼、香水草、柠檬、罗勒等。

5.5.4 特型观赏植物

特型观赏植物包括观赏水果、蔬菜、作物等。此类植物有彩色梨、葡萄、异形枣等彩色水果，有红、白、黄等颜色的彩色甜椒和洋梨状的彩色番茄等彩色蔬菜，还有彩色玉米、花生、地瓜等彩色植物。这些集观赏、食用和绿化、美化环境于一体的观赏植物的面世，十分符合人们对营养、保健、观赏等多方面的需求，因此，备受广大消费者的青睐，且市场潜力巨大。

5.5.5 园林绿化植物

随着人们绿化、美化环境意识的逐步增强，一些名、优、新、奇的园林绿化树种不断被推出，如红色香花槐、美国曼地亚红豆杉、美国红栌等适应性十分广泛的树种，它们是我国当前调整农业产业结构和西部大开发供选用的最佳绿化树种。

5.5.6 盆栽果蔬植物

近几年来，一些果蔬专家将果树或蔬菜从大田移栽到花盆里，其身价倍增。如普通苹果每千克售价只有5元左右，而一盆盆栽苹果树却能卖到几百元。因为盆栽果蔬植物集观赏、食用、绿化、美化环境等多种功能于一体，已成为近期市场卖点。这类植物还有盆栽葡萄、石榴、彩椒、番茄等。

我国观赏植物产业化经营近年来发展很快，可以预言，只要我们做好多方面工作，共同努力，我国在不远的将来肯定会变观赏植物资源大国为商品生产大国、消费大国和出口大国。

由于城市化的发展，城市环境的不断恶化，人们对生态美学的追求也越来越高，再加上城市可持续发展需求，人们把目光转向了陆地上功能最强的生态系统——城市之林。把“森林引入城市，将城市建立在森林中”已经成为人们的迫切需要，于是从20世纪60年代中期开始，一些发达国家把林业的研究重点转向城市，并逐步形成了现代林业的一个重要的专门分支—— 城市林业。城市林业是“以服务城市为主旨的林业”，它是园林与林业融为一体的林业，是城郊一体化，集生态、经济、社会效益于一体的林业。它既是园林的扩大和延伸，又是传统林业的凝练和升华。城市林业被视为城市之“肺”，具有独特的生态服务功能，同时观赏植物广泛参与城市生态系统中物质、能量的高效利用，在社会和自然协调发展系统的动态自我调节中起重要作用，从而在生态环境、经济和社会这些方面发挥着越来越大的作用。

6 林海漫步

亲近自然是人类的本性，人类从森林中走出，在生理和心理上都有回归自然、放松身心的需求。随着人类社会的发展，工业化、城镇化步伐的加快，越来越多的人们住进城市的“钢铁丛林”，远离了怡淡清新的森林环境。而森林因为其生态环境良好，景观异质度高，生物多样性丰富，也吸引着人们去观光旅游，放松身心，陶冶情操。同时，森林以其充足的氧气和负氧离子，丰富的色彩和声音，对人类的身体和心理健康有着良好的促进作用。在人类和森林环境接触的过程中，记录森林、赞美森林、歌颂森林的文学艺术作品层出不穷，满足了人们的精神生活需求。

森林是博大的，森林是美丽的，森林可以供人游憩，森林可以促进健康，让我们走进森林，漫步林海，去体验森林中的点点滴滴。

6.1 森林生态旅游

我国幅员辽阔，地形地貌复杂，从南到北跨越热带、亚热带、暖温带、温带和寒温带等五个气候带，从东到西横跨平原、丘陵、台地、高原和山地等多种地貌类型。不同的气候、地貌组合条件，孕育了十分丰富、各具特色、风光旖旎的森林景观资源。森林旅游不仅可以欣赏秀美的自然景观，也可以体验宁静的绿色环境，呼吸清新的空气，消除疲劳，放松自己。

森林旅游是人们喜爱的旅游方式之一，也是世界上最具生命力的旅游形式之一。伴随着我国人民生活水平的提高，闲暇时间的增多，越来越多的人来到户外，加入到森林旅游的行列中来，并在森林旅游的过程中，放松了精神，陶冶了情操。

6.1.1 森林旅游

森林旅游就是指旅游者在森林中或者以森林为背景的环境中，以感受大自然的熏陶、放松自我身心、获得快乐体验等为目的而从事的形式多样的一种旅游活动。森林旅游是人们对森林与人类关系认识的深化，是对森林自然环境的回归。

森林生态旅游是指在被保护的天然的或人工的森林生态环境中，以自然森林景观为主体，融合区域人文、社会景观所开展的森林旅游活动，包括游乐、休憩、森林浴、动植物观赏、徒步越野、登高爬山等。森林生态旅游以合理利用森林风景资源、优化森林生态环境为目的，具有知识性、参与性、审美性、情趣性和绿色环保的特点。

传统森林旅游活动中有很多污染环境、破坏资源的行为发生，这些是与生态旅游相违背的，不能称之为森林生态旅游，因此所有的森林旅游并不都是森林生态旅游。一些森林旅游企业，为了更好地推销旅游产品。假借“生态旅游”的招牌，从事“非生态旅游”“破坏游”，导致森林的破坏程度更加严重，要充分区分森林旅游和森林生态旅游，加强森林生态旅游的管理。

6.1.2 森林旅游发展历程

森林旅游源自于古代的野游活动，但真正意义上的森林旅游则来自于 1872 年美国建立的世界上第一个国家公园——黄石国家公园，由此将野外游乐活动扩大成全民娱乐的重要项目。第二次世界大战后，随着美国经济的发展，人们意识到了在森林中发展旅游业的生命力。到 1960 年，森林旅游由于它的现实价值而最终获得了各界人士的承认，而且一跃成了森林资源的一个主要部分。同年在美国举行了以“森林多目标利用”为中心议题的第五届世界林业会议，与会各国学者公认此经营方针为现代林业经营的最高原则。也是在 1960 年，美国国会通过了《森林多种利用及永续生产条例》，把森林经营分为五大目标：①野外游憩；②放牧；③木材生产；④保护集水区；⑤保护野生动物。这样就以法律的形式确定了野外游憩为森林经营的首要目标。1962 年，美国内政部又创立了野游局，进一步推动了森林旅游的发展。美国因此而成为野外活动最盛行的国家，参加野外活动的人数曾占到全国人口的90%以上。在1977年，美国野外游憩活动的消费突破了1600亿美元，超过了石油工业而成为美国最大的产业。到20世纪80年代，每年都有超过10亿人次到国家森林公园旅游，野外游憩活动消费高达3000亿美元，美国人1/8的收入都花在了野外游憩上。

鉴于美国的成功经验，世界各国也纷纷开展了森林旅游活动。日本从1960年开始扩大森林公园的面积，到20世纪80年代末，已把国土面积的15%划为森林公园。德国政府提出了“森林向全民开放”的口号，有的州规定距离居民区步行半小时路程内的森林都是游乐林，人口5万以上的城市周围10千米以内的森林和人口5000到5万的城市周围3千米以内的森林均划为游乐林。目前，德国森林公园总面积392万公顷，其中森林面积207万公顷，占国土面积的15.8%。苏联在1958年制定的《城市规划和建设法规与定额》中正式规定了在大城市及特大城市的周围应设置5～10千米宽的森林公园带，强调森林公园是以森林为主体的，供城市居民游览及休息的绿地。澳大利亚的森林公园发展很快，全国共有243处，面积超过1500万公顷。伴随着发达国家的热潮，发展中国家的森林旅游也蓬勃发展。泰国目前已有14处森林公园。肯尼亚的森林公园1963年接待游客仅6万人次，到1980年增加到45万人次，外汇收入增加9倍，占整个国家外汇收入的20%以上。由此可见，以森林为主体的森林旅游，在现代旅游发展体系中越来越受到世界各国的重视。

中国的森林游乐活动有着悠久的历史，孔子周游列国，李白云游山水的诗赋，徐霞客的游记等都有森林旅游的影子。现代的森林旅游业开始于20世纪80年代初，在中国林业面临经营资金无来源、林业人员大量失业、林业的经济效益与森林效益相互冲突的背景下，原国家林业部提出了林业分类经营、加快建立森林公园、大力发展旅游业的战略决策，并根据中国国情对森林公园实行事业化管理、企业化经营的经营模式。

6.1.3 森林旅游发展现状

根据国家林业局中国森林公园网的统计，截至2011年底，全国共建立森林公园2747处，总面积1703.07万公顷。其中，国家级森林公园746处、国家级森林公园旅游区1处，面积1176.48万公顷；省级森林公园1238处，县（市）级森林公园762处。9个省的森林公园总数超100处。

2011年，2191处森林公园（含白山市国家森林旅游区）共接待游客4.68亿人次（其中海外游客1207.33万人次），旅游收入376.42亿元，分别比2010年度增长18.2%和27.6%。据测算，2011年全国森林公园创造的社会综合产值达3000多亿元，有344处森林公园（国家级森林公园235处）旅游收入超1000万元，其中107处（国家级83处）收入5000万~1亿元，61处（国家级55处）超亿元。

据对18个省（区、市）的不完全统计，228处森林公园（国家级41处）目前免收门票，享受免票服务的游客达7187.24万人次（国家级3609.7万人次），分别占年旅游总人数的15.4%和13.8%。山西省的全部县（市）级森林公园免票开放，日接待游客36万人次，直接受益人口达1600万。

6.1.4 森林生态旅游应注意的一些事项

（1）生态旅游对游客的要求

在参观一个地方之前，要了解当地的自然和文化特点。尊重访问目的地的文化，不要将自己的文化价值强加于人，尊重当地的风俗习惯。观看野生动物时，不要穿鲜艳的服装。不接近、不追逐、不投喂、不搂抱、不恐吓动物。自觉做到不踏踩珍稀植物，不采集受保护和濒危的动植物样品，不购买受保护的生物及制品，不乱丢垃圾、不污染水土，去特殊地区要自备用具将垃圾带回。积极参加保护自然生态的各种有益活动。通过旅游实践，了解自然对人类的要求，对自己的日常生活与环境的关系有更清楚的认识。

（2）生态旅游对旅行社及导游的要求

要有引导游客保护环境的观念，旅行策划者（旅行社）要有明确的生态意识，领队、导游要适时对游客进行保护环境的教育。选择具备生态旅游条件的目的地，避开脆弱、敏感的生态地域。在计划阶段，要充分听取地域生态科研人员和自然保护团体的意见。旅行团队人数要控制在适当的范围内，一般在20人以内。对游客进行事前教育，以提高游客对生态保护重要性的认识。培训导游，使他们理解和执行生态旅游的概念。尽量安排熟悉当地自然和文化的地方导游。尽量选用当地人经营的旅馆，并向旅游者建议购买不影响当地自然环境土特产品。指导游客与当地人进行交流，组织各种有助于自然生态保护的公益活动。

（3）紧急情况的处置

一般来说，指南针、砍刀、猎枪、钓鱼工具、放在不透水容器中的火柴、雨衣、长衣长裤、绳子、红药水及蛇药等，是森林旅游不可缺少的必备物品。此外，还应掌握一些森林旅游紧急情况处置的小知识。

1）迷路：万一迷了路不要慌乱，可先估计一下从能确定方位的地方走出了多远，然后在身旁的树上刮下些树皮做标记。要把树干四周的皮多刮掉些，以便从任何方面都能看到。这样，最后总能找到自己的目标。迷路时如发现小溪、河流，那就沿着它们走，它们可带你走出森林。

2）防病：长途旅行不可能携带更多的水和食品，因此免不了在旅游途中自寻水源。虽然森林中的溪水看上去清澈见底，却常常含有能将人致死的病菌，所以必须煮沸后饮用。所幸的是，森林中有很多能提供水分的植物。在旅行之前，应该掌握一些辨认可食植物的知识。如果没来得及上此一课，那就仔细观察鸟和猴子都选择哪些野果为食，这些食物对人体也是无害的，可放心食用。

3）避雷击：如果在森林中遇到雷雨，要到附近稠密的灌木带去，不要躲在高大的树下。高大的树木常常引来落地雷，使人遭到雷击。避雨时应把砍刀等金属物暂存放到一个容易找到的地方，不要带在身上。

此外，森林中蚊子、扁虱、水蛭等害虫很多，因此在旅游过程中不可贪图凉快穿短衣裤，耐应扎紧裤腿和袖口。当夜幕降临时，最好支起帐篷或蚊帐睡觉，以防蚊虫叮咬及潮湿冰凉的森林气候诱发关节炎等疾病。

6.2 森林与健康

森林由于独特的生态特点，可以通过对人的生理和心理状态进行影响，促进人体的生理和心理机能发育，使人获得肉体上和精神上的舒适，从而有着保健身心的功能。

6.2.1 森林与人体生理健康

人们对森林的保健功能的认识由来已久，几千年前人们就已经开始用森林进行消毒防腐等，西汉枚乘在《七发》中写道，楚太子有病，吴客为他治病时说："游涉乎云林，周驰乎兰泽，弭节乎江浔。掩青苹，游清风。陶阳气，荡春心。"明代医学家龚运贤在《寿世保元》中说："山林逸兴，可以延年。"因为根据传统中医理论，人应该和地气相接以达到人体的阴阳平衡。所以人必须积极参与到自然界中，方能保持身体康健，所以森林成为人们身心保健的不二场所。

（1）森林可以提供充足的氧气

森林内有大量的植物，通过光合作用释放大量氧气，而森林不仅有着丰富的氧气含量，二氧化碳的含量也比较低。因为森林植物在光合作用的过程中需要大量吸收空气中的二氧化碳，将其固定在树干、枝、叶、根中。森林每生产 1 克干物质需吸收 1.84 克二氧化碳。每公顷阔叶林一天能够吸收 1000 千克二氧化碳，释放 730 千克氧气。无论是丰富的氧气含量还是较低的二氧化碳含量都对人体生理健康有着极其重要的作用。现代研究表明，二氧化碳在空气中的含量超过一定比例，就会危害人的健康。通常空气中二氧化碳的含量约为 0.03%；当空气中的二氧化碳的含量超过 0.05% 时，人就会感到气闷、头晕；如果空气中二氧化碳含量达到 4% 的时候，人就会出现心悸、呕吐等症状；而在空气中含量超过到 20% 就会导致死亡。所以森林中因为光合作用所改善的空气质量，对人体健康有着良好作用。

（2）森林的空气中含有大量的负离子

森林空气清洁程度要好于其他地区，同时因为电离子的特性让人感觉到森林里空气清新，使人感到振奋。这正是因为森林里负离子的含量要远远超过其他地区。有资料表明，森林的负离子浓度比城市室内可高出 80 ~ 1600 倍，森林与其他类型绿地相比，空气负离子浓度也可高出近一倍。大气中的电特性表现为电离、电磁长波、大气电场三个方面，而它们对人体的作用则有所不同。从电场角度说，人的机体是一种生物电场的运动，人在疲劳或得了疾病后，机体的电化代谢和传导系统就会产生障碍，这时需要补充负离子，以保持人体生物电场平衡。虽然负离子是看不见、摸不着的，但它与人体的健康关系很大。负离子的保健作用主要表现在：能调节神经系统功能，改善人们的睡眠，减轻人们的压力，通过促进神经系统的兴奋，使人精神振作；有利于加快血氧含量的吸收和利用，增加人体免疫力；负离子可以杀灭细菌和有利于人体内维生素的形成及储存在人体内；能够使肝脏、肾脏、心脏等组织的氧化过程加速，提高各项组织的功能，从而对冠心病、脑血管疾病有一定的疗效；能够对气管炎等病症有所改善，因为负离子能够通过令气管壁松弛，改善管壁纤毛活动，增强呼吸系统功能。

（3）森林的挥发性物质对人体健康有着重要作用

森林中很多植物都有其独特气味，例如松香、花香等，这些挥发性物质很多都具有杀菌、抗炎和抗癌等作用，其对环境和人体健康都有着极其重要的作用。其实人们对植物的这些特性很早就有了相关的认识，人们很早就开始利用植物释放的挥发性物质来消毒、治病。例如早在四五千年前，埃及人就开始用香料消毒、防腐，3000 年前的中国人已经开始用艾蒿沐浴熏香来杀灭病菌，祛除疾病。一般人们把这些挥发性物质称之为植物精气，植物精气的主要成分是萜烯类化合物（不饱和的碳氢化合物）。萜烯类化合物可以通过皮肤和呼吸系统进入人体，对身体有适度的刺激作用，能够促进免疫蛋白数量的增加，有效调节神经系统的平衡，从而增强人体的抵抗能力，达到抗菌消炎、降低血压、利尿祛痰与健身强体的生理功效，同时新鲜的植物精气可以增加空气中臭氧和负离子的含量，有利于杀灭森林中细菌，增强人们在森林中的的舒适感。因此森林中的挥发性物质对神经症、心律不齐、冠心病、高血压、水肿、体癣、烫伤等疾病都有一定疗效。植物的挥发性物质还能影响人体的注意过程，缓解人体紧张和压力，使人的身心得到放松。还有相关研究表明，人们在可以嗅过松柏的植物精气后，身心可明显地放松下来。森林可以反射紫外线，降低其对身体危害。另外，森林环境对荨麻疹、丘疹、水疱等过敏反应也具有良好的预防作用。

（4）森林的色彩对人的生理健康有促进作用

色彩对人有着重要的影响，人的身体状态、行为情绪、思维方式都受到色彩的影响，色彩会影响人们的睡眠、心理状态等多种生理功能。根据科学研究表明，当大自然的绿色在人的视野中达到25%时，人的感觉最为舒适，心理状态也会处于最佳状态，而森林通常具有很高的绿视率，这有利于使人感到舒适，缓解视疲劳，改善视力状况。森林可以有效降低城市光污染导致的老年白内障等眼科疾病，并有利于视力的恢复。森林的绿色也对人体有着重要的作用，同时，森林的色彩也越来越受到人们的重视，人们甚至刻意去运用色彩来构建园林，来形成保健。

在植物设计中，通过对人的审美心理、游园感觉、欣赏水平等各种活动规律以及对限度、舒适性等的要求，以人的生理和心理为基础，通过色彩在植物栽培中来满足人的心理和生理需求。色彩的这种功能之所以能够发挥，是因为色彩本身对人的心理和生理会产生直接和间接作用。以森林中最常见的绿色为例，绿色光的波长适中，所以人的眼睛对绿色光反应最平静，人们最易接受的光便是绿色的光线，而绿色又同时具有蓝色的沉静和黄色的明朗，代表着大自然的色彩，象征着生命力，给人以平静、淡定和活力的感觉。不仅如此，色彩还有抽象的联想功能，通过某种色彩人们不仅仅会联系具体事物，还会和抽象的概念相联系。例如绿色是森林的主调，所以看到绿色不仅会联想到森林，还会想到森林富有生机，充满活力，象征着健康、青春、谦逊、平和等，这有助于消化和镇静，促进身体平衡，对身心压力很大的人有缓解作用。同时森林的绿色对于克服晕厥、疲劳和消极情绪也有一定的作用。所以人们经常在植物造景中将深浅不同的绿色相互搭配，形成绝妙的色彩组合，有时候再增加不同花色的鲜花相配更具有良好的美学效果。总之，人们通过对色彩的研究，了解色彩与人体生理和心理的相互作用，会根据客观的规律对植物景观进行色彩配，将森林建设艺术化，以丰富的植物色彩来调动人们情感，丰富人们生活情趣。

（5）森林的声音对人体健康有促进作用

噪声会影响人们的正常的生产生活，长期生活在噪声的环境下会严重损害人的身体健康，而森林对噪声有良好的吸收作用。据中国林科院、北京市园林局1979—1981年研究表明，不同乔灌树种绿化带相对减噪率达11.6%～21%，个别落叶乔木和灌木为8%～11%。一行绿篱、一行油松（高5米，株距5米）、一行灌木（黄刺梅），组合种植，其相对减噪率为83%。一般40米宽的林带，可降低噪声 10～15 分贝，可见森林可以有效地隔绝噪声。

森林不仅能够隔绝噪声，森林里很多声音还可以舒缓人的情绪、缓解人的压力，从而有利于人的身体健康。人的情绪在人的生活中有非常重要的作用，人的情绪十分敏感并且多变，极容易被外界声环境引发变化，不论是嘈杂的噪声还是优美的音乐抑或者是大自然的原始的声音都会引发人们的情绪的变化。人是从森林中走出来的，所以人们最原始的音乐便是森林的自然发声，悠悠鸟鸣，风吹绿叶，流水潺潺，虫叫蛙鸣这些声音都会让心情舒畅，感到愉快。从心理学的角度上看，人类对这些自然界声波振动的情感反应是一种物理现象，这种最原始的声响激起机体的强烈反应继而使个体产生主观体验。因此，自然界的声音会影响人类的情绪。从生物医学角度看，森林的自然声音会影响人的中枢神经，会对神经起到调节作用。森林声音能够刺激大脑皮层，减轻病人受外界的影响，同时唤起人们的愉悦感，并且能够直接抑制中枢神经。同时大量科学实验表明：人体皮肤表面的细胞都在做微小的振动，这种微小的振动简称微震。而这种和微震频率相似的声音可以有效地增加人体的舒适度。森林中的各种自然发声是一种和谐的发声，会产生类似音乐效果的刺激，让人体产生微震，从而产生身心愉悦，提高身体免疫力。

6.2.2 森林与人体心理健康

（1）森林与人体心境状态

心境是指一种使人的所有情感体验都感染上某种色彩的较持久而又微弱的情绪状态，可以反映个体的心理健康状况。科学研究表明，森林可以有效地促进人的心理健康，这和人的年龄、职业、受教育水平都没有直接关系。瑞典科学家对森林和人体健康关系的相关研究表明，那些去森林公园次数越多、居住地离绿地越近的人，其心理压力较小，心境健康状况要好于那些情况相反的人。森林里的富氧环境，清新的空气质量，丰富的负离子含量都会让人感觉到精神放松，压力减弱，而森林绿色的环境也会缓解人的疲劳。绿色所代表的平静与和谐，会引发人的联想，让人忘记现实中的不愉快，进入一个平和的环境。同时森林中鸟语花香都会刺激人的心理状态，改变人的情绪，让人拥有愉快的情绪，缓解忧郁的情绪，从而拥有良好的心境。

（2）园艺活动对人体心理健康的疏导作用

园艺疗法是一门集园艺、医学和心理学于一体的新兴边缘交叉研究学科。现在很多国家和地区都开始研究园艺疗法，通过人们参与到不同的园艺活动，如植物栽植、植物养护，并结合植物芳香和森林的美景对人进行心理治疗。科学研究已经表明，园艺体验疗法能够有效改善人的心理状态。

从国内外研究来看，园艺疗法对人们心理的影响主要表现在以下几个方面。

1）园林中植物鲜艳的色彩，充满生机的氛围，都会感染人的情绪，进而影响人的心情。一般来讲，红花使人产生激动感，绿叶让人感到平静，黄色的花朵使人产生明快感。人们在观赏花木的过程中，会陶冶自己的情操，松弛大脑，放松神经，缓解压力。

2）园艺劳动会让人们感受自己的劳动成果，一方面可以在劳作过程中转移注意力，使人们忘记烦恼，另一方面也有利于人们树立自信心。自己培植的植物开花结果会使劳作者获得满足感和成就感，增加生活信心。

3）在绿色环境中散步，可以让人心情放松；而举目远眺，柔和的色彩会让人的注意力转移，忘却病痛，消除不安心理与急躁情绪。

4）积极参与园艺活动会增加人的活力。因为经过园艺活动过程中的体力劳动，可以让人的注意力得到转移，同时身体也会感到劳累，所以能比较容易地入睡，并且能迅速进入深度睡眠，醒来后会精力充沛，心情愉快。

（3）森林对人际关系的作用

很多人喜欢在森林中举办聚会等各种群体活动，这是因为森林能够给人们创造一个良好的自然环境，让人们能够更加容易相处。人们在森林中一同游憩和观赏，在优美的环境里、愉快的心情下进行交流，可以更容易增加人们之间的感情。心境状态心境是指一种使人的所有情感体验都感染上某种色彩的较持久而又微弱的情绪状态，可以反映个体的心理健康状况。科学研究表明，森林可以使人拥有一个良好的心境，变得更加和善，尤其会对同样参加森林活动人们产生知己感，容易促进感情的交流，从而形成新的交际圈子，也有利于原本团队的和谐程度提升，凝聚力增加。同时森林里的美好感觉，会带回到家中和生活中，这都有利于人们保持良好的心境。

6.3 森林与文化

森林的文化功能是森林对人的身心健康和全面发展所产生的有利影响，尤其是侧重于对人的精神的影响。认识和发挥森林的文化功能，对于满足人们对绿色生产和生活中的精神需求具有不可替代的重要作用。

6.3.1 森林与文学

文学是对人们生活的描述，人类自古便与森林有着密不可分的关系，无论是森林中的劳作还是对森林景观的欣赏，众多的森林活动往往激发人的情感，给人以创作灵感。古往今来，海内外都有着无数和森林有关的文学作品。

（1）森林与国内文学

森林作为与人们生活息息相关的地方，对中国文学创作影响非常深远，加之中国文学创作讲究赋、比、兴，喜欢托物言志，借物抒情，而丰富的森林景观和森林物种为中国文学提供各种素材和载体，人们可以在各个时期的文学创作里看到森林对文学的影响。

先秦时期最具有代表性作品是《诗经》和《楚辞》，这两部书都是那个时代诗歌的合集，收录先秦时期的众多作品，两者可谓开中国文学现实主义和浪漫主义先河。而我们可以在这两部书中找到众多关于森林的描写。

例如《诗经》里的《蒹葭》《园有桃》《甘棠》《摽有梅》《山有枢》《椒聊》《有杕之杜》《东门之枌》《东门之杨》《常棣》等。据统计，在《诗经》500多首诗歌中，其中提到松树、桐树、梓树、杨树、漆树、栗树、桑树等乔木25种，荆条、榛树等灌木9种，桃树、李树、梅树等果树9种，可见森林在其中的地位，而这些寄托于森林树木的情感又增加了森林的文化内涵。同一时期的另一部不朽作品《楚辞》是战国时期楚国的诗歌，以花草树木比拟人事、以自然景物抒发感情，包含了很多关于森林树木的华彩篇章。例如屈原《离骚》中的“扈江离与辟芷兮，纫秋兰以为佩。……朝饮木兰之坠露兮，夕餐秋菊之落英。

苟余情其信姱以练要兮，长顑颔亦何伤。掔木根以结茝兮，贯薜荔之落蕊”。作者多处借香草、芝兰、菊花等比喻自己德操的高洁和对朝堂奸臣当道的忧虑。

两汉时期的汉赋和乐府诗歌也包含了很多关于森林的描写。例如西汉著名的文学家司马相如在其名篇《子虚赋》中曾写道：“其树楩柟豫章，桂椒木兰，檗离朱杨，樝梨梬栗，橘柚芬芬。”描写云梦泽中各类花草树木，充分展示其美景。乐府诗歌是一种深受大众喜爱的表现形式，而我们也可以从其中看到很多森林树木的影响。例如《陌上桑》中“罗敷善蚕桑，采桑城南隅。青丝为笼系，桂枝为笼钩”表现了女主人公的身份，并以此衬托女主人公的美貌。而另一传世名篇《孔雀东南飞》中有“东西植松柏，左右种梧桐。枝枝相覆盖，叶叶相交通。中有双飞鸟，自名为鸳鸯。仰头相向鸣，夜夜达五更。”用连理枝表达了男女主人公们的爱情。

东晋陶渊明是著名的田园诗人，在很多诗篇中我们可以看到其深受森林的影响，比如其在《桃花源记》中的“忽逢桃花林，夹岸数百步，中无杂树，芳草鲜美，落英缤纷。渔人甚异之，复前行，欲穷其林。”文章给人们描述了一个世外的美好世界，这后面也表述了作者在森林的陶冶之下，对森林内平静而美好生活的向往之情。我们还可以从他的其他诗篇中看到类似的情怀，《饮酒》中的“采菊东篱下，悠然见南山。”也展示作者与山水树木为乐的豁达心态和如同森林一般平静的生活态度。

唐诗是中国文化一大高峰，其绚丽多彩的诗歌构成了中国文学史上一大宝库，而我们可以在其中信手拈来众多关于森林的诗篇。李白《劳劳亭》“天下伤心处，劳劳送客亭。春风知别苦，不遣杨柳青。”表现作者折柳送别之意，对友人的恋恋不舍。王维的《鹿柴》“空山不见人，但闻人语响。返影入深林，复照青苔上。”及柳宗元的《江雪》“千山鸟飞绝，万径人踪灭。孤舟蓑笠翁，独钓寒江雪。”展示了不同时节的森林美景。再如杜甫的《春望》中“国破山河在，城春草木深。感时花溅泪，恨别鸟惊心”，以景抒情，展现战乱中作者与家人离别的落寞心情。还可以在唐诗浩瀚的海洋中找到很多以花草树木为题材的诗歌，可见森林对唐诗的影响有多大。

宋词作为中国文学的又一高峰，在其中也能很容易看到众多诗篇具有的浓厚的森林印记。李清照的《如梦令》“昨夜雨疏风骤，浓睡不消残酒，试问卷帘人，却道海棠依旧。知否，知否，应是绿肥红瘦。”便是写海棠的名篇。柳永的《雨霖铃》“今宵酒醒何处，杨柳岸，晓风残月。此去经年，应是良辰好景虚设，便纵有千种风情，更与何人说!”，一句“杨柳岸，晓风残月”成为其婉约的代表。苏轼的《蝶恋花》“花褪残红青杏小，燕子飞时绿水人家绕。枝上柳绵吹又少，天涯何处无芳草。”也描写了林中的美景。此外，因为人们热衷于森林旅游，从而以此为题材也有很多名篇传世，并对森林美景做了众多描述。比如欧阳修的《醉翁亭记》“若夫日出而林霏开，云归而岩穴暝，晦明变化者，山间之朝暮也。野芳发而幽香，佳木秀而繁阴，风霜高洁，水落而石出者，山间之四时也。朝而往，暮而归，四时之景不同，而乐亦无穷也。”展现了森林的各种美景。王安石的《游褒禅山记》，沈括的《梦溪笔谈》等也都涉及到了森林素材。

此外，元曲马致远《天净沙·秋思》中“枯藤老树昏鸦，小桥流水人家。”也为人所传颂。明清小说中《三国演义》的桃园，《西游记》中对花果山的描写，《红楼梦》中对大观园的园林描写和其中大量关于花草的诗歌，《聊斋》中众多关于花草树木、鸟兽鱼虫的故事，这些都展现了森林和中国文学不可割裂的联系。

不仅如此，中国近现代文学也可以找到很多关于森林的作品。比如顾城《我是一个任性的孩子》中写道：“我还想画下自己，画下一只树熊。他坐在维多利亚深色的丛林里，坐在安安静静的树枝上。”再比如舒婷的《致橡树》，曲波的著名小说《林海雪原》，我们都能看到森林对中国文学的影响。

（2）森林与外国文学

在国外很多国家和民族都与森林有着浓厚的感情，因此这些国家和民族都有着众多相关的著作。例如日本有着浓厚的森林情结，号称森之民。正如日本学者安田喜宪在《森林——日本文化之母》中说，森林孕育了日本的文化，是日本的精神家园。日本诺贝尔文学奖的作家大江健三郎更是深受森林的影响，其作品中有着浓郁的森林情结。在《万延元年的足球队》里森林是摆脱生存困境灵魂再生的精神家园；在《同时代的游戏》中，森林是“理想之国”“乌托邦”；在《核时代的森林隐遁者》和《洪水淹没我的灵魂》里，森林又是核时代的“隐蔽所”。

大江健三郎在写完小说《愁容童子》后说，祖母小时候给他讲述的关于森林精灵的故事对他后期的创作有着深远的影响。因为祖母曾经对他说每棵树都寄托着灵魂，每一个小孩都是从树中来，所以他的作品中会有关于灵魂和再生的讨论。日本白桦学派代表人物在志贺其代表作、具有自传体性质的小说《暗夜行路》中对森林的描述也可以看出日本文学深受森林的影响。小说中，主人公由于感情及家庭原因，心情极度压抑苦闷，在人生旅途上如同暗夜中行走，茫然不知出路。而当他来到伯耆大山之后，森林的博大，草木的清新，大自然磅礴的生命力，使他感受到大自然的超然豁达，让主人公对俗世的一切不满消失于无形。他开始重新认识自己和生活。换种角度来看，其实正是森林之美，使他深刻地理解了托尔斯泰的人道主义思想以及儒家天人合一思想，从而达到物我两忘，忘记俗世的种种经历和不满，使自己的内心得到净化。

德国也是一个有着浓厚森林情结的国家，他们称自己为森林部落的民族，森林对他们的影响可想而知，因此可以很容易在德国的文学作品中找到森林影响的烙印。比如举世闻名的《格林童话》，其中很多故事都发生在森林中，如《森林中的老妇人》《森林中小屋》《森林中的三个小矮人》《丛林中的守财奴》等。从名字我们就很容看出其深受森林影响，而这些故事中都潜移默化地给读者灌输着森林的神奇和魅力，描述了一个充满生机的世界，增加了人们对森林的热爱。

还有布伦塔诺、诺瓦利斯、艾辛多夫等浪漫主义代表，他们都深受法国思想家卢梭的回归自然的影响，虽然生活在繁华的都市，但是其内心却深受森林的影响，森林成为他们灵魂的寄托，使他们找到了思想的源泉。所以在德国的文学作品里，人们会经常地发现那深刻的森林的烙印。正如诺瓦利斯在其一部小说中所写道的，一个小男孩在深夜中无法安眠而想象出一个充满神奇色彩的世界。而这个世界就位于幽暗的森林深处，在那里有清澈的泉水，而泉水旁边的草地上遍布着亮闪闪的蓝色花朵像地毯一样铺在那里。从此，男孩梦中遍地闪烁的小蓝花，就成为德国浪漫主义精神的象征。所以德国浪漫主义色彩中森林便成了他们不可或缺的元素。

此外我们还很容易在别的国家找到类似关于森林印记的文学作品，丹麦的

《安徒生童话》，美国的厄普顿·辛克莱的《丛林王子》都是有关森林的著作。

6.3.2 森林与历史地理

森林在地球存在的历史比人类更为久远，它几乎见证了人类的产生和发展，亿万年来的生物进化又使得森林和一定的地理环境相适应，所以森林天然地具有了历史地理功能。人类活动时期又人为地和森林产生各种关系，使森林的历史地理功能内涵大大扩大。

（1）古树名木

一棵古树便是一部历史，首先它在悠久的岁月里，记录了树木生长过程中所经历的气候、水文、土壤及环境变化等信息；其次因为其与特定的年代的人类活动息息相关，而形成了特定的文化价值，具有特殊的历史意义。具体而言，可根据一定的历史意义划分为古树、名木、纪念林等。

人们一般把存在超过100年的树木称之为古树。一般分为三级，树龄在500年以上的为一级古树，300～499年的为二级古树，299年以下的为三级古树。古树的存在展现着生命的强大，也展示了历史的沧桑，有独特的历史意义。

名木是指中外历代名人、领袖和人物所栽植的或者具有重要的历史、文化价值、纪念意义的树木。历史上有很多名人都亲自栽种过树木或者与树木有着某种关联，无论是出于某种纪念还是出于自身的兴趣，由于这些历史人物的存在，而赋予了那些普通树木以历史色彩，具有特定的历史意义，从而成为后人追忆这些先人具有纪念价值的实体。中国是一个悠久的历史古国，在漫长的岁月里存在着众多让人敬仰的历史人物，而和这些历史人物息息相关的树木也流传下来很多。

（2）树木的地理名片作用

树木和人总是息息相关，一方水土不仅养育一方人而且也养育一方森林，很多树木只能生长在特定的地带。因此，很多乡土树种和当地的人有着很多的联系，不仅仅是一种客观的存在，而且又因为人的关系具有了人文色彩。比如很多地方因树木而命名，便是这个道理。

因为某些树木与当地文化紧密相关，一提起某种树木就很容易让人联想到这个地方，从而起到地理标识的名片作用。比如加拿大的枫树、日本的樱花、新疆的胡杨林、香山的红叶、洛阳的牡丹、海南的椰子树。此外，森林还可以发挥道路标志、田地分界等地理指示功能。

真正意义上的森林旅游已经有100多年的发展历史，在我国也有了长足的发展。生态旅游对森林旅游的参与者提出了新的要求。森林可以通过提供氧气、负氧离子、各种挥发物质、丰富的色彩和声音对人体的生理和心理健康起到促进作用，同时可以疏导心情，调节心境，促进人际关系和谐。在古今中外的文学艺术作品中，森林都提供了各种不同的素材和载体。古树名木在记载历史的同时，又往往成为地理名片。人类从森林中走出，而亲近自然，走进森林的渴求又不断召唤着我们去漫步林海。

结 语

森林作为陆地生态系统的主体，起着固碳释氧、保持水土、净化空气等多种生态作用，在为生产生活提供木材和各种林产品的同时，还是森林文化的摇篮和林业科研的基地，有着重要的生态、经济和社会价值。它不仅能够产出木材，还可以提供果品、木本粮油、工业原料，源源不断地为人民生产生活提供可再生的原料，有着巨大的经济价值。

一、人类的生存与发展离不开森林，森林是人类永远的朋友

在农业生产中，由于森林的涵养水源、保育土壤、防止干热风、改善小环境的作用，可以有效促进作物生长，同时由于森林对生物多样性的促进，可以有效保护益虫益鸟等害虫天敌，减少农药使用量，对粮食丰产稳产起着十分重要的推动作用。在发展工业的过程中，由于森林具有吸收二氧化碳、二氧化硫等工业排放的能力，可以消除或者减少工业生产对自然环境的影响，从而为工业产品价值的实现拓展生态空间。在城市中，每一单位面积的成型绿地可以使 80 ~ 100 倍面积的土地及其上建筑物因环境的改善而提高价值 3% ~ 6%，按此标准的低值计算，单位面积城市森林的土地增值是其耗用土地成本的 2.4 倍。同时，由于森林为人们提供了宜居环境，使人们身心愉悦，生产效率提高，患疾病减少，从而产生的增产节约的效益。

森林对人类社会生存和发展有重要意义，人类不仅要有能够满足作为自然物生存和发展所需要的自然环境，还要求这些自然环境悦目、有序，能够满足其自有活动的需要。这种不同于其他自然物的社会性需要，构成了森林特殊的价值基础。

世界有了树木才有我们人类。如果地球上没有树木，地下水与天上水也将无法循环，到那时，地球表面将被大面积的沙漠所覆盖，人类无法从树木中取得食物，就会走向灭亡。人类破坏森林、破坏自然环境就是自掘坟墓。

二、大力加强森林的可持续经营，防止森林退化，是扭转森林覆盖锐减的局面的必由之路

森林砍伐、森林退化和荒漠化的情况继续以惊人的速度恶化，已影响到超过 10 亿人的生活，尤其是在发展中国家。据统计，仅从 2000 年至 2005 年，全球森林覆盖总面积每年净减估计 730 万公顷。毁林情况大都出现在南美洲和非洲。北美洲、中美洲和大洋洲也有毁林现象，但程度较轻。据统计，欧洲森林覆盖面积有所增加，亚洲也是如此，主要是由于中国森林面积的扩大。根据正在进行的旱地退化评估项目，在过去四分之一世纪里，25% 的土地退化涉及阔叶林，17% 涉及寒带针叶林，而 18% 涉及农业用地。

低森林覆盖率国家在制止毁林和促进重新造林、植树造林和自然再生方面的成果喜忧参半。报告森林覆盖面积减少的国家大多在非洲和亚洲。若干低森林覆盖率国家增加森林覆盖面积的一项重要行动是扩大人工林。由于缺乏可靠的量化指标，森林退化、土地退化和荒漠化的比率难以衡量。缺乏指标妨碍了对第一个全球森林目标关键因素以及森林文书各相关专题组的有效评估。

干旱地特别容易发生土地退化，进而导致荒漠化。这是发展中国家面临的一个极其严重的问题。现有 20 亿人生活在干旱地区，其中 90% 在发展中国家。据估计，在 52 亿公顷农用干地中，约 70% 已经退化并面临荒漠化的危险。到 2020 年，1. 35 亿人将有可能由于土地持续荒漠化而不得不背井离乡，其中将近一半（6000 万人）在撒哈拉以南非洲。

扩大自然植被在防治土地退化和荒漠化方面发挥着重大作用。在一种适当的地貌景观办法内，植树造林、重新造林和建立人工林都属于最有效的应对之道，数个低森林覆盖率国家的情况便是如此。用于促进可持续森林管理的财政资源和无害环境技术转让严重不足，使发展中国家难以成功执行森林文书和有效扭转森林覆盖面减小的趋势，也难以成功防止森林退化和防治荒漠化。

三、大力发展现代林业，促进林业多元发展，有效实现经济绿色增长

发达的现代林业是实现经济绿色增长和科学发展的基础支撑和重要标志。目前，我们正处在全面推进现代林业建设的战略机遇期和黄金发展期。为了促进现代林业的大发展，在生态林业、民生林业、资源能源林业、创新林业等方面要下大功夫，实现经济的绿色增长。

发展生态林业，构筑安全屏障。林业是生态建设主体和生态产品的最大提供者，我国林业要长期坚持以生态建设为主的发展战略，为广大人民群众生产出丰富的生态产品，努力构筑我国国土生态安全屏障。同时，大力发展碳汇林业，维护气候安全。加强植树造林工作，继续扩大森林面积；加强森林抚育，提高森林质量；加强森林防火、林业有害生物防治和非法征占用林地防控，减少因毁林引起的碳排放。

发展民生林业，实现富民惠民。未来一段时间里，我国将大力推进特色经济林、林下经济、竹子、花卉苗木等十大主导产业发展，为农民提供就业机会和增收途径。着力改善林区基础设施，使林业职工、广大林农与全国人民一样同步享受到全面建设小康社会的成果。大力开展“身边增绿”，加快城乡绿化美化，创建森林城市、森林乡镇、森林村庄、森林校园，建设以林为主、品种多样、景观优美、生态良好的宜居环境。

发展资源能源林业，维护木材粮油安全。我国将加快建设一批国家木材战略储备基地和木本粮油基地，大力发展林油、林热、林电一体化产业和成型燃料利用，逐步构建起稳定、可持续的木材、粮油和生物质能源安全保障体系。

发展创新林业，保障科学发展。加快建设林业科技创新体系、成果推广体系、质量标准体系和科技人才队伍体系，加速科技进步，提升自主创新能力，为林业转变发展方式、增强发展动力提供强大支撑。发展信息林业，加快发展步伐。深化信息化技术应用，加强林业资源监管和综合营造林管理信息化建设，加强林业灾害监测体系和应急信息化建设，推进林业经济运行信息系统和林业电子商务平台建设，形成布局科学、高效便捷、稳定安全的林业信息化格局。

四、爱护森林，远离雾霾，就是爱护我们自己

世界上共有森林面积38.6亿公顷，占世界陆地面积30%左右。但是，人类对森林的破坏在速度与数量上都是惊人的，仅在 20 世纪 90 年代的 10 年当中全世界森林资源大约减少了 90 000 平方千米，占世界全部森林资源的 2.4%。

世界森林主要分布在南北美洲、亚洲北部和东南部赤道附近，其中森林资源最丰富的国家是巴西。我国天然林主要分布在东北、西南地区。东南部地区和台湾省主要是人工林。由于我国人口多，人均林地面积就相对很少。毁林开荒、乱砍滥伐，使我国本来就不多的森林资源破坏非常严重。火灾、虫灾等也加剧了对森林的破坏。面对森林严重不足，对现有森林资源的保护就日益重要。

近年来，随着空气质量的恶化，阴霾天气现象出现增多，危害加重。我国不少地区把阴霾天气现象并入雾一起作为灾害性天气预警预报，统称为“雾霾天气”。“雾”原本就是一种自然现象，而“雾霾”却像是大自然对人类“以其人之道还治其人之身”的报复。当人们身处十面“霾”伏之中，即使从敬畏生命的自身利益出发，也要引起对大自然的足够敬畏。2012—2013 年中国的 100 多万平方千米的雾霾天气，给中国的天空造成严重的污染，让广大的老百姓叫苦连天，各级政府、多种媒体、各种专家为此给予高度关注。林业是陆地生态的主体，森林是大气良性循环系统的核心。没有一个相对均衡的高覆盖率、高质量的森林资源，中国的雾霾天气不可能从根本上解决。人们必须清醒地认识到，雾霾的克星是雨水，而风调雨顺的大气环境依靠的不是别的而是森林。如果没有一个良好的“核心”，依靠环保部门去多堵几个烟囱或禁开几辆车就能解决中国雾霾天气想法是无法实现的。

森林对减少雾霾天气对人们的影响有巨大的作用。公认的数据是，种一亩森林约 100 棵树，一年可吸附 22 ~ 60 吨灰尘，是一台天然的吸尘器，可有效降低空气中 PM2.5 的含量。一亩森林，每天能吸收 67 千克二氧化碳，释放 49 千克氧气，足够 65 个人呼吸之用。一亩森林，一个月可吸收二氧化硫 4 千克，相当于一台杀菌剂制造机。一亩松柏林，一昼夜能分泌出 2 千克杀菌素，可杀死肺结核、伤寒、白喉、痢疾等病菌。一亩阔叶林，一年可蒸发 300 多吨水。因此，森林多的地区，常常是风调雨顺。一亩树林比一亩无林地多蓄水 20 吨，等于一座地下水池。一亩防风林，可以保护 100 多亩农田免受风灾。一亩树林除每年提供 1 立方米木材外，还可提供许多工业原料、燃料、饲料、油料，等等。如果世界上没有树林，地球上70%的淡水将白白流入大海，许多地区的风速将增强60%～80%。只有全社会重视起来，行动起来，从我做起，从现在做起，保护森林，精心呵护气候环境，才能减少和减轻天气气候灾害，地球也才能变得更加清新怡人，我们才能自由自在地呼吸，才能建设真正意义上的美丽中国。

参考文献

[1] 中国森林编辑委员会. 中国森林（第1卷）[M]. 北京：中国林业出版社，1997.

[2] 联合国粮食及农业组织. 2012年世界森林状况 [R]. 罗马：联合国粮食及农业组织，2012.

[3] 李海奎. 中国森林植被生物量和碳储量评估 [M]. 北京：中国林业出版社，2010.

[4] 高建中. 森林生态产品价值补偿研究 [M]. 北京：中国农业出版社，2006.

[5] 侯元兆. 森林环境价值核算 [M]. 北京：中国科学技术出版社，2002.

[6] 沈国舫. 森林培育学 [M]. 北京：中国林业出版社，2006.

[7] 河南省人民政府. 河南省林下经济发展规划（2013—2017）[Z]. 2013.

[8] 赵绍鸿. 森林美学 [M]. 北京：北京大学出版社，2009.

[9] 甄学宁，李小川. 森林消防理论与技术 [M]. 北京：中国林业出版社，2010.

[10] 粟维斌. 森林生态旅游环境 [M]. 北京：中国林业出版社，2005.

[11] 宋军卫. 森林的文化功能及其评价研究 [D]. 中国林业科学研究院硕士学位论文，2012.

[12] 张玲，钟晓红. 中国果树生产的现状及思考 [C]. 园艺学文集，2003：193－196.

[13] 郑智龙，张慎璞. 果树栽培学 [M]. 北京：中国农业科学技术出版社，2011.

[14] 杜宗绪，张洪，张兆欣. 国内外有机果品生产技术概述 [J]. 安徽农业科学，2006（7）：1334－1335.

[15] 邓西民. 果树生物学 [M]. 北京：高等教育出版社，1999.

[16] 黄辉白. 热带亚热带果树栽培学 [M]. 北京：高等教育出版社，2003.

[17] 瓦维洛夫 H H. 主要栽培植物的世界起源中心 [M]. 董玉琛，译. 北京：中国农业出版社，1982.

[18] 俞德浚. 中国果树分类学 [M]. 北京：中国农业出版社，1979.

[19] 王海波，王孝娣. 中国果树设施栽培的现状、问题及发展对策 [J]. 农业工程技术　温室园艺，2009 (8)：39 - 42.

[20] 余亚白，陈源. 台湾果树栽培新技术 [J]. 福建农业科技，2008 (3)：20.

[21] 高照全. 国外果品标准化生产规程浏览 [J]. 西部观察，2003 (10)：26 - 27.

[22] 鹿永华，杨桂合. 我国水果业可持续发展模式的初步研究 [J]. 农业经济，2005 (4)：38.

[23] 中国农业百科全书总编辑委员会，果树卷编辑委员会，中国农业百科全书编辑部. 中国农业百科全书（果树卷） [M]. 北京：中国农业出版社，1993.

[24] 田静. 观赏植物的应用与发展 [J]. 重庆工商大学学报（自然科学版)，2005，22 (3)：241 - 245.

[25] 楚爱香，汤庚国. 我国观赏植物的品种分类方法 [J]. 林业科技开发，2008，22 (4)：1 - 5.

[26] 刘弈清，夏晶晖. 观赏植物学 [M]. 北京：中国林业出版社，2011.

[27] 童丽丽. 观赏植物学 [M]. 上海：上海交通大学出版社，2009.

[28] 李景侠，康永祥. 观赏植物学 [M]. 北京：中国林业出版社，2006.

[29] 幸宏伟，秦坤蓉. 低碳植物景观营造探析 [J]. 北方园艺，2013 (05)：81 - 84.

[30] 王丽珍. 近自然理念构建城市森林 [J]. 湖北生态工程职业技术学院学报. 2007，(1)：35 - 38.

[31] 丁向阳. 城市森林在我国生态发展战略中的作用和意义 [J]. 湖南林业科技，2005，(1)：45 - 46.

[32] 钟瑞，蔡宝玉，陈吉林. 城市林业研究概论 [J]. 内蒙古林业调查设计,2013,

36 (3): 80 - 82.

[33] 薛金国. 生态学理念在城市森林景观规划中的应用探讨 [J]. 中南林业调查规划, 2007, 5: 49 - 52.

[34] 曹枫叶, 李瑞新. 城市林业存在的问题和发展方向 [J]. 内蒙古林业调查设计, 2012, 35 (3): 91 - 92.

[35] 琚淑明, 徐德兰, 高明侠, 等. 林业发展在生态城市建设中的作用 [J]. 徐州工程学院学报 (自然科学版), 2011, 26 (1): 12 - 15.

后 记

无论是松涛阵阵的天然森林，还是清雅隽秀的都市园林，抑或是硕果累累的飘香果园，都是大自然的长期进化与人类聪明智慧的结晶。无论是森林里参天大树的一个树节，还是园林小景中的一朵鲜花，或是果园枝头上的一颗果实，背后都有着精彩而神奇的故事。森林为我们提供了丰富的生态产品和文化素材，城市园林给我们的现代都市生活增添了绿意，水果和干果则调节了我们的膳食结构和营养平衡。从“坎坎伐檀兮”到“植树造林，绿化祖国”，再到“生态文明”；从“采菊东篱下”到“回归自然”的现代园林思想；从“齐民要术”到“无公害果树生产”，人们对森林和森林产品的认识也在逐步地提高。

森林里的故事是精彩的，果园里的知识是奇妙的。葱郁的树木，飘香的瓜果，将会让你感悟到生命的真谛！根据河南省科学技术协会的统一安排，河南农业大学组织多位林学、园艺学、花卉学的博士、教授，从2012年5月起，开始致力于编写《科普通鉴·林果飘香》一书。经过一年多的通力合作和努力，几易其稿，终于完成了本书的编撰任务。

本卷坚持以科学性为前提，以点带面，将科学性、知识性、趣味性融为一体，内容丰富，信息量较大，适宜于高中以上文化程度的读者阅读。

编者在本书的编写过程中，参阅了大量的相关书籍和文献，引用了其中的部分内容，在此谨向有关作者致以诚挚的谢意。在编写期间，省科协的指导和帮助，在此一并致以诚挚的谢意。

由于编者水平有限，书中难免会有不妥和错误之处，恳请读者不吝斧正。